비파괴검사 기술자 기초 교재 시리이즈

非破壞檢査의 基礎

Fundamentals of Nondestructive Testing

李　　勇 편저

第 3 卷

침투탐상검사

Liquid Penetrant Testing

圖書出版 世進社

머 리 말

교재를 편집하면서

비파괴시험이 본격적으로 산업에 응용되어 온지도 어언 이십여년이 되었고 원자력분야를 위시, 방위산업, 조선 및 중공업분야등 이제는 비파괴시험이 품질관리 및 품질보증측면에서 차지하는 비중이 상당히 크게 적용되고 있다.

이러한 시점에서 비파괴검사를 수행하는 기술자의 인력 및 자질도 상당한 수준으로 향상되었고 또한 기술인들이 활용할 수 있는 자체교육용 교재 및 참고서적들도 많은 고급 기술인들의 노력에 의해 우리말로 번역되고 작성되어 사용되고 있다.

그러나 아직도 비파괴시험 기술자들의 교육 및 자습에 필요한 기본적인 교재가 외국에서와 같이 전종목에 걸쳐 체계적으로 준비된 것이 부족하여 사내 기술자의 교육에 애로가 있고, 시험기술자들도 교재 구하기에 많은 어려움이 있는 것으로 생각되어 본 기초교재 시리이즈를 구상하게 되었다.

우선 1차적으로 가장 사용빈도가 높은 4종목에 이어서 제5권을 추가로 준비하였기에 본 교재가 비파괴시험분야에 관심이 있는 분들에게 어느 한 부분만이라도 도움이 될 수 있다면 보람으로 여기고 더욱 연구 노력하겠으며, 이 책을 만드는데 도움을 주신 여러분들께 진심으로 감사를 드린다.

비파괴시험 기술자 기초 교재 시리즈는 다음과 같이 구성되어 각 권별로 편집되어진다.

제1권 : 방사선투과 검사(Radiographic Testing)
제2권 : 자분탐상 검사(Magnetic Particle Testing)
제3권 : 침투탐상 검사(Liquid Penetrant Testing)
제4권 : 초음파탐상 검사(Ultrasonic Testing)
제5권 : 와류탐상 검사(Eddy Current Testing)

목 차

제1장 침투탐상 검사의 개요

제2장 침투탐상검사제의 특성 및 성질

제 3 장　침투탐상검사의 기본방법

제 4 장　침투탐상검사용 장치 기구 및 시험편

제 5장 불연속부의 검출

제 6 장 시험결과의 판독

제 7 장 침투탐상검사의 산업적용

침투탐상검사

제 1 장
침투탐상검사의 개요

1. 일반사항

침투탐상검사(Liquid Penetrant Testing : 약칭 P.T.)는 비파괴검사방법 중 가장 오래되고 널리 활용되고 있는 방법이다.

이 교재의 목적은 올바른 시험기술과 기술의 배합이 최종 제품의 품질을 보증하기 위해 사용되는 것을 확실히 하기 위해, 또한 품질보증상에 요구되고 시험검사자가 활용할 수 있는 침투탐상검사의 기초지식을 준비하는데 있다.

침투탐상검사는 용접품, 단조품, 주강품, 프라스틱 및 세라믹 등과 같은 금속 및 비금속의 여러 가지 제품들에 적용되며, 여러 가지 다른 재료에 나타나는 표면불연속부를 경제적으로 검사할 수 있기 때문에 품질보증 담당자들이 사용할 수 있는 가장 효과적인 방법 중의 하나이다.

비파괴검사를 이용하는 기본이유는 여러 종류의 많은 제품을 제작시 최대의 신뢰성을 보증하는 데 있으며, 이러한 신뢰성을 획득하기 위해서 미우주항공사(NAS-A) 등에 의해 표준이 작성되었고, 시험결과는 반드시 이러한 표준에 만족하여야 한다.

또한, 침투탐상검사에 책임있는 기술자는 반드시 교육훈련을 받아야 하고 시험장비, 시험재료, 시험품 및 시험절차 등에 대한 기술적인 이해에 고능력(高能力)을 갖추어야 하는 것은 필수적인 사항이다.

또한, 침투탐상검사를 수행하는 기술자는 자격이 인정되어야 하며, 가장 적절한 침투탐상검사를 수행하기 위해 항상 새로운 방법의 개발이 병행되어야 한다.

모든 시험품은 적용할 수 있는 비파괴검사기술을 사용하여야 하며, 검사절차가 문서로 준비 되어야 한다. 이러한 검사절차는 승인된 절차서로서, 시험편의 분석, 지난 이력(履歷)의 검토, 유사한 시험편으로부터의 경험 및 유사한 불연속부 등에 의해 활용할 수 있는 정보 등으로부터 명확하게 작성되어야 한다.

시험검사자는 이 절차서가 적절하게 적용되고 있는가를 확인하기 위해 검사를 수행하고 재확인하여야 할 책임이 있으며, 부정확하거나 부적절한 사항이 발견된 절차서는 개정된 절차서로 수정되도록 관심을 갖어야 한다.

침투탐상검사는 다음과 같은 일반적인 사항들이 적용되므로 이에 대한 내용을, 숙지하는 것이 검사를 수행하는데 도움이 될 것이다.

1) 침투탐상검사는 표면개구부(表面開口部)에 한한다.
2) 침투탐상시 가장 중요한 과정은 침투제적용시간(Dwell time)이며, 최소 침투시간은 10분 이상으로 하나 재질, 시험방법, 결함의 종류에 따라 다르다.
3) 형상, 크기 등이 그다지 문제가 되지 않는다.
4) 시험온도(시험품표면온도)가 중요하다. 즉, 16～50℃(6～125℉)사이가 가장 적합하다.
5) 침투제는 쉽게 오염된다.
6) 염색침투제는 형광침투제의 형광성을 잃게하므로 섞이지 않도록 해야 한다.
7) 침투탐상은 거의 모든 재질에 사용된다.
8) 침투탐상은 모세관현상(Capillary action)의 원리(原理)로 사용된다.

2. 침투탐상검사의 개요

2-1 침투탐상검사란?

침투탐상검사란 시험편 표면에 침투액을 적용시켜서 균열 등의 불연속부에 침투시킨 후 과잉의 침투제를 제거하고, 현상제를 적용시켜 침투된 침투액을 추출(抽出)시켜 불연속의 위치, 크기 및 지시모양을 검사하는 비파괴검사의 일종이다.

2-2 모세관 현상

재료의 표면 불연속부를 나타내고 결정하는 침투탐상검사는 모세관현상(毛細管現像)을 근거로 한 것이다.

모세관현상이란 유리 등과 같은 고체에 접촉된 액체의 표면이 상승 또는 낮아지는 현상이다.

모세관현상은 가장 중요한 자연속의 힘 중의 하나이며, 모세관현상을 결정하는 요인은 응집력(Force of cohesion), 점착력(Force of adhesion), 표면장력(Surface tension) 및 점성(Viscosity) 등에 의해 좌우되며, 모세관현상을 쉽게 관찰하는 방법으로는 물이 담긴 유리그릇에 가는 유리대롱과 같은 유리관을 담그면, 유리관 안으로 물분자가 빨려들어가고, 다른 물분자에 끌리는 응집력에 의해 유리관 위로 끌려 올라가게 된다. 이 과정이 계속되어 유리관속의 수면이 동일한 표면장력이 될 때까지 끌려 올라가는 것을 볼 수 있으며, 이러한 현상을 모세관현상이라 한다.

침투탐상검사에 사용되는 침투제는 낮은 장력과 높은 모세관현상을 갖고 있다. 그림 1–1은 모세관 현상을 나타낸 그림이다.

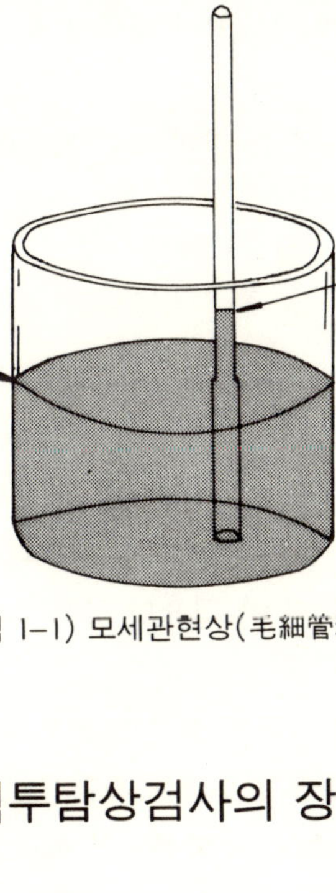

(그림 1–1) 모세관현상(毛細管現像)

3. 침투탐상검사의 장단점

3–1 침투탐상검사의 장점

침투탐상검사가 널리 사용되는 이유는 다음과 같은 많은 장점들이 있기 때문이며 그중 가장 중요한 것 중의 하나가 방법 및 적용이 간단하다는 것이다.

1) 시험방법이 가장 간단하다–원리 및 적용이 간단하다는 것이다.
2) 고도(高度)의 숙련이 요구되지 않는다–작업자가 침투탐상검사방법을 배우는데 크게 어렵지 않으며, 특수한 기술이나 지식을 요구하지 않는다.
3) 제품의 크기, 형상 등에 크게 구애를 받지 않는다–자분탐상검사의 장점과 같

이 소형의 제품을 동시에 검사할 수도 있다.

4) 국부적(局部的) 시험이 가능하다–시험품의 용도에 따라 검사가 필요한 부분만 국부적으로 시험할 수 있으며, 의심이 나는 부분의 재검사 등 요구되는 부분에 대해 언제든지 시험이 가능하다.

5) 미세한 균열의 탐상도 가능하다–적절한 시험방법을 적용하여 검사하면, 미세한 균열을 탐상할 수 있는 높은 감도(感度)를 갖는다.

6) 비교적 가격이 저렴하다–방사선투과검사방법 등과 비교하면 검사비용이 저렴하고 신속하다.

7) 판독이 비교적 쉽다–자분탐상검사에서와 같은 비관련 지시모양 또는 허위지시모양이 거의 없기 때문에 판독에서 일어날 수 있는 문제가 없다. 판독이 비교적 쉽다.

8) 철, 비철, 프라스틱 및 세라믹 등 거의 모든 제품에 적용된다.

3–2 침투탐상검사의 단점

상기에서 설명하였듯이 침투탐상검사는 많은 장점들이 있는 반면, 방법을 적용하는데 제한 사항들도 있어, 단점들로 지적되는 다음의 일반사항들이 있다.

1) 시험할 표면이 개구부(開口部)이어야 한다–침투탐상검사는 표면검사에 한하며 또한 표면이 열려있는 상태이어야 한다. 그러나 개구부에 기름, 그리이스(Grease), 이물질 또는 물들이 차 있으면 침투제가 침투할 수 없어 좋은 시험결과를 얻을 수 없다.

2) 시험표면이 너무 거칠거나 기공이 많으면 허위지시모양을 만든다–표면이 거칠거나 기공이 많으면 과잉의 침투제를 제거시 완전하게 제거되지 않아 표면에 나타나는 결함의 지시모양과 구별하기가 어려운 허위지시모양을 만든다.

3) 시험표면이 침투제 등과 반응하여 손상(損傷)을 입는 제품은 검사할 수 없다–시험품 중 일부의 프라스틱류 등과 같은 제품 중 침투제, 세척제 등과의 화학반응으로 표면에 손상을 입는 경우에는 적용할 수 없다.

4) 주변환경 특히 온도에 민감하여 제약을 받는다–매우 춥거나 너무 더운온도는 정상적인 탐상검사 방법으로 적합하지 않으며, 요구되는 시험결과를 얻기 힘들다.

5) 후처리가 종종 요구된다–시험 후 표면에 남아있는 침투제 또는 현상제가 제품의 다음 공정에 영향을 미치거나 세척해야만 하는 경우가 많으며, 잔유 침투

제 또는 현상제가 용접 또는 납땜 작업에 지장을 초래하는 일도 있다.

6) 침투제가 오염되기 쉽다–특히 물과같은 이물질(異物質)에 의해 오염되는 것을 방지하도록 검사할 시험품의 준비에 주의하여야 한다.

3–3 다른 비파괴검사와의 비교

방사선투과검사, 초음파탐상검사, 와류탐상검사 등 비자성체의 결함을 찾아내는 주요 3가지 검사방법과 비교하여 보면 다음과 같은 흥미로운 사항들을 알 수 있다.

1) 침투탐상검사는 방사선투과검사보다 표면불연속부를 찾아내는데 더 확실하고 빠르며 경제적이다. 즉, 침투탐상법은 시험품의 크기, 기하학적(幾何學的) 조건 등에 구애를 받지 않는다.

2) 침투탐상검사는 초음파탐상보다도 모든 표면불연속부를 탐상하는데 빠르며 확실하다. 침투탐상법은 시험품의 형상, 크기에 제한을 받지 않으며 다량(多量) 생산품검사에 경제적이다.

3) 침투탐상검사는 와류탐상검사보다 더 융통성이 있으며 제품의 형상(形象)에 제한을 받지 않는다. 와류탐상검사는 침투탐상검사처럼 넓게, 깊게 그리고 방향을 갖는 다양한 불연속들의 위치를 찾아내는데 확실하지 않다.

(그림 1–2) 침투탐상검사 최소의 장비셋트

4) 침투탐상검사는 상기 세가지 시험 방법에 비해, 내부 결함검출을 할 수 없다. 이것은 자분탐상검사도 마찬가지이나 침투탐상검사는 개구부가 이물질(異物質)로 막혀 있어도 탐상이 어렵다.
5) 침투탐상검사는 다른 세가지 검사방법 보다도 미세하고 폭이 좁고 짧은 표면균열검사에 가장 우수하기 때문에 비자성체안의 피로균열을 탐상하는데는 가장 적합한 검사방법이 될 수 있다. 자분 탐상 검사는 자성체의 피로균열 검사에 똑같은 결과를 얻을 수 있다.

4. 용어의 정의

침투탐상검사 및 방법을 더 세부적으로 설명하기에 앞서 사용되는 여러가지 용어에 대해 좀더 이해력을 높이고 확실한 의미를 이해할 수 있도록 간단하게 설명하기로 하며, 추후 각장에서 더욱 구체적으로 논의하게 될 것이다.

하기에 열거된 용어가 침투탐상검사에 적용되는 모든 용어를 포함하는 것은 아니며, 가장 많이 사용되는 용어들을 발췌하였고 이 교재를 읽는 이들의 이해를 돕기 위해 기술하였다.

1) 침투제(Penetrant)—일반적으로 액체이나, 개스일 때도 있는, 불연속부의 지시모양을 만들어내기 위해 불연속부에 침투되는 유체(流體).
2) 침투능(Penetrability)—균열 등과 같은 미세한 개구부로 침투하는, 침투제의 성질.
3) 형광침투제(Fluorescent penetrant)—불연속부로부터의 지시 모양의 가시성(可視性)을 증가시키기위해 형광염료를 혼합한 침투제.
4) 형광염료(Fluorescent dye)—전기불을 끈 상태에서 자외선과 같은 단파방사선을 조사(照射)시키면 형광을 발생시키는 염료.
5) 염색침투제(Color-contrast penetrant)—백색광(白色光)하에서 불연속부 지시모양의 좋은 가시성을 위해, 충분하게 명암도가 강한염료(일반적으로 비형광)을 혼합한 침투제.
6) 염색염료(Color-contrast dye)—백색광하에서 관찰할 때 시험편 표면의 배경에 대조(對照)하여 지시모양이 좋은 색체를 나타낼 수 있도록 충분한 색을 전하기 위해 침투제에 사용되는 염료
7) 누설침투제(Leaker-penetrant)—누설탐상(漏泄探傷)을 위해 특별히 설계된 침투제의 일종.

8) 수세성침투제(Water-wash penetrant)—시험표면에 덮혀있는 침투제를 물로 세척할 수 있도록 유화제를 혼합한 침투제의 일종.

9) 후유화성 침투제(Post-emulsification penetrant)—시험편 표면에 별도의 순서로 유화제(乳化劑)를 적용 후 물로 세척할 수 있으며, 유화제를 포함하지 않은 침투제의 일종.

종종 P.E 침투제 또는 P.E법이라고 약술하기도 한다.

10) 유화제(Emulsifer)—침투제와 혼합한 후 물로 표면을 세척할 수 있도록 시험편 표면의 침투제위에 적용하는 물질.

11) 수세능(Water washability)—시험편의 표면으로부터 침투제를 물로 세척할 수 있는 침투제의 성질.

12) 용제세척(Solvent Cleaning)—침투제를 용제(溶劑)로 씻거나 문질러서 시험편 표면으로부터 과잉의 침투제를 제거하는 공정.

13) 침투시간(Penetrating time)—침투제를 표면에 적용시킨 후 시험편 표면에 존재하는 불연속부로 침투제가 침투되도록 허용되는 시간(cf. Dwell time).

14) 배액시간(Drain time)—시험품을 침투제속에 계속 침적시키지 않고, 표면에 남아있는 과잉의 침투제가 흘러 내리도록 선반위에 올려 놓여 있는 동안의 시간(침투시간에 포함되는 시간).

15) 유화시간(Emulsification time)—유화제를 별도의 순서에 의해 적용시킨 후 시험편을 세척하기전에 유화제가 침투제와 작용하도록 허용되는 시간.

16) 건조시간(Drying time)—세척되거나 또는 습식현상으로 시험된 부품이, 고온건조기 안에서 건조되고 있는 시간.

17) 현상제(Developer)—침투제 지시모양을 나타내도록 하기 위해 시험품의 표면에 적용시키는 미세한 분말재료(粉末材料).

18) 현상시간(Developing time)—현상제를 적용하고 지시모양의 관찰을 위해 시험품을 검사하는 사이의 시간.

19) 건식현상제(Dry developer)—현상분말이 건조된 상태에서 적용되는 현상제.

20) 습식현상제(Wet developer)—현상분말을 물 또는 기름과 같은 액체에 혼합되어 적용되는 현상제.

21) 속건식현상제(Solvent developer)—현상 분말이 휘발성의 유기(有機) 용제에 분산시켜 적용되는 현상제.

22) 미세균열(Fine crack)—매우 미세한 표면 개구부를 갖고 있는 고체상의 불연속부로 개구부의 폭보다 길이와 깊이가 더 크며 일반적으로 깊이는 폭의 수

배 이상을 말한다.

23) 얕은 불연속부(Shallow discontinuity)–개구부의 폭에 비해 깊이가 적은, 고체의 표면에 열려있는 불연속부. 긁힘(Scratch) 또는 흠과 같은 것이 얕은 불연속부에 속한다고 할 수 있다.

24) 균열오염물질(Crack contaminant)–균열부에 채워져서 침투제의 침투를 방해하는 물질.

25) 형광(Fluorescence)–한파장을 갖는 빛에너지를 받아서 더 긴 파장으로 전환하고 가시광(可視光)과 같은 에너지를 재방출할 수 있는 물질의 성질.

26) 자외선등(Black light)–일반적으로 약 3,650Å의 단위를 갖는 자외선 빛의 가시범위하에 빛에너지로, 이 파장은 육안으로 볼 수 있는 범위의 형광을 만들기위해 어떤 염료와 강하게 반응한다.

27) 자외선등 강도(Black light intensity)–검사할 부위에서, 주어진 어떤 점에서의 자외선의 피이트 촉광.

28) 어두움 적응(Dark adaptation)–사람이 밝은곳에서 어두운 공간으로 들어갈 때 어둠에 익숙해지도록 사람의 시력을 조정하는 것. 이러한 조정은 어두운 곳에서 최대로 볼 수 있는 것을 허용한다.

29) 지시(Indication)–표면 개구부의 일종이 나타나, 검사원이 알아 볼 수 있는 불연속부로부터 표출(表出)되는 침투제가 눈에 보이는 징후.

30) 배경(Back ground)–지시모양을 관찰할 수 있는 배경으로, 시험품의 표면 그대로 상태이거나 현상제 또는 세척 후 완전히 제거되지 않은 침투제의 색체에 의해 변경된 상태일 수도 있다.

31) 가시성(Seeability)–불리한 배경의 조건 또는 외부불빛 등에 대해, 관찰하는 사람이 볼 수 있는 지시모양의 특성.

32) 모세관형상(Capillary action)–유리 등과 같은 고체에 접촉된 액체의 표면이 상승 또는 낮아지는 현상

33) 유지시간(Dwell time)–침투제를 시험표면에 적용시킨 후 시험편 표면에 존재하는 불연속부로 침투제가 침투되도록 허용되고, 과잉의 침투제를 제거하기 전까지 침투제가 표면에 유지되는 시간(cf. 침투시간).

34) 의사지시(False indication)–결함의외의 원인으로 나타나는 지시모양.

35) 점성(Viscosity)–유체를 전단하는 데에 대하여 저항하는 유체의 성질.

36) 인화점(Flash point)–표준상태하에서 연소성 기체가 공기와 혼합하여 발화가 시작되는 온도

제 2 장
침투탐상검사제의 특성 및 성질

1. 침투제의 특성 및 성질

1-1 침투제란?

침투탐상검사에서 가장 중요한 역할을 하는 것이 침투제이다. 침투제란 이름 그대로, 균열과 같은 미세한 개구부(開口部)에 침투되는 재료의 가장 중요한 특성으로 부터 나온 명칭이며, 재료 중에는 표면 전체로 퍼져나가는 특성을 갖고 있다고 이름난 액체가 있으며, 이러한 재료가 좋은 침투제로서 사용된다. 그러나 검사를 목적으로 하기 위해서는, 이외 더많은 요구사항들이 있으며 예를들면 온도에 안정성, 무독성(無毒性), 천천히 증발될 것 등의 특별한 성질들인 것이다.

1-2 이상적인 침투제 특성

이상적인 침투제로서 바람직한 성질을 생각해 보면 다음과 같은 것이 있다.

1) 매우 미세한 개구부에도 쉽게 침투되어야 한다.
2) 비교적 거칠은 개구부에도 침투제가 남아있어야 된다.
3) 증발이나 건조가 너무 빠르지 말 것.
4) 적용된 표면으로부터 제거가 용이할 것.
5) 얕거나 벌어져 있는 개구부일지라도 쉽게 밖으로 세척되지 않아야 한다.
6) 매우 미세한 개구부일지라도, 짧은 시간에 개구부로부터 빨려 나올 수 있어야 한다.
7) 얇은 도포막을 형성 하여야 한다.
8) 매우 얇게 도포된 막을 형성하여도 색채와 형광의 밝기를 갖을 것.

9) 열이나 빛 또는 자외선 등을 비추어도 색채와 형광을 잃치 말아야 한다.
10) 시험품에 화학변화를 일으키지 않을 것.
11) 냄새가 없을 것(특히 악취 등 나쁜냄새).
12) 불연소성 이어야 한다.
13) 유독성이 없어야 한다.
14) 가격이 저렴할 것.

이상에서 열거한 특성들은 침투제로서 기대되는 또는 갖추어야 할 관점에서 수집된 것이며, 실제 침투제로서 사용하는데 요구되는 물리적 특성은 별도로 검토하기로 한다.

1-3 침투제의 물리적 성질

1) 점　성(Viscosity)

점성 자체가 어떤 물질이 좋은 침투제인가, 아닌가 하는 것과는 그다지 관계가 없다(앞으로의 기술에서 침투제가 좋다든가 나쁘다든가 하는 표현은 다른 특성보다는 침투력을 나타내는데 사용하도록 하겠다). 일반적으로 나쁜 침투제로 알려진 물은 점성이 낮은 반면, 훨씬 점성이 큰 석유 정제 제품은 좋은 침투제로 알려져 있다.

〔표 2-1〕 점성 및 표면장력 비교표

Material	Temp ℃	Sp. G	Viscosity (Centistokes)	Surface Tension Dynes / cm
Water	20	.9992	1.004	72.8
Ether	20	.736	.3161	17.01
Ethyl Alcohol	20	.789	1.521	23
Naphtha	20	.665	.61	21.8
Kerosene	20	.79	1.65	23.0
Ethylene Glycol	20	1.115	17.85	47.7
SAE No. 10 Lub. Oil	20	.89	112.3	31.0
Per-chlor Ethylene	20	1.62	.988	31.74

표 2-1에는 몇가지 액체의 점성을 비교해 놓았다. 점성은 침투제의 실제 사용면에서는 상당한 영향을 미친다. 즉, 점성은 실제 침투력에는 차이가 없을지라도 침투제가 결함안에 침투하는 속도에는 중요한 변수가 된다. 점성이 큰 침투제는 유동성이 큰것보다 천천히 이동되며, 침투제를 결함속으로 빨아들이는 힘에 대한 저항력이 크다.

2) 표면장력(Surface tension)

표면장력은 그 자체가 조절되지는 않으며, 액체의 침투력이 좋은가, 나쁜가를 결정하는 중요한 두가지 성질중의 하나이다. 일반적으로는 표면장력(表面張力)이 큰것이 바람직하나, 큰 표면장력을 갖는 순수한 형태의 물은 좋은 침투제가 못된다.

3) 적심성(Wetting ability)

침투제에 있어서 침투력이 좋다면 두번째로 중요한 성질은 검사면을 적시는 능력으로서 이를 적심성이라 하는데 이는 접촉각(Contact angle)으로 측정된다. 즉, 액체가 표면을 따라 흘러나갈 때 접촉되는 곳에서의 각도를 측정하여 결정되며, 이 각도가 작을수록 적심성이 좋은 것이며, 좋은 침투제는 아주 작은 접촉각을 갖는다.

그림 2-1은 액체의 접촉각에 의한 적심성을 비교한 그림이다.

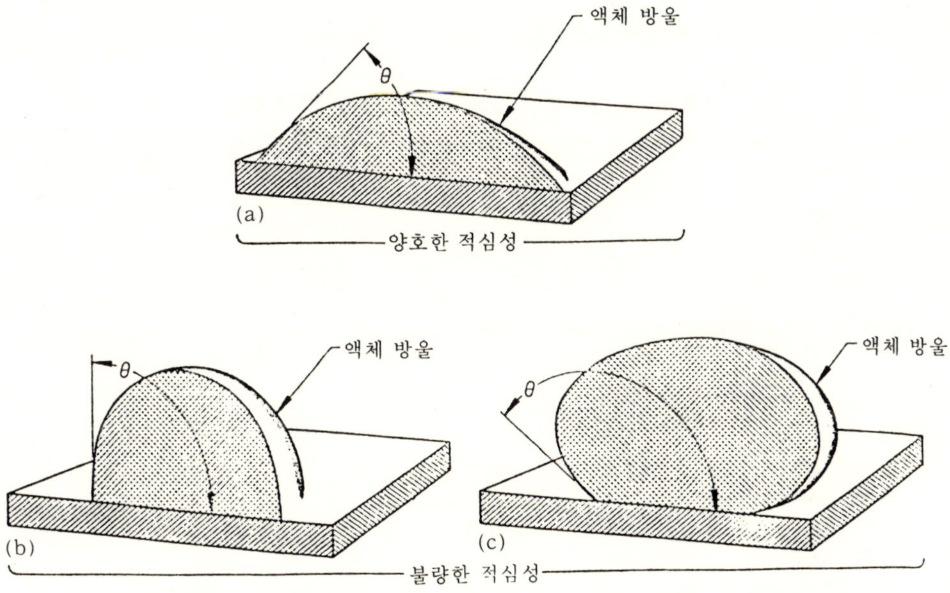

(그림 2-1) 적심성의 평가 : 액체방울과 고체표면 사이의 적촉 각도(角度)에 의한 양호한 적심성과 불량한 적심성의 비교

표면장력이 큰물은 금속면과 큰 접촉각을 가지므로 침투제로서는 좋지 않으나, 계면활성제를 추가하면 접촉각이 현저히 줄어들어서 표면장력은 감소되고 그 혼합액은 좋은 침투제가 된다.

침투력은 표면장력과 접촉각의 Cosine 값을 곱한 값으로 결정된다고도 할 수 있지만, 이는 액체 자체에 따라서만 결정되는 성질이 아니므로, 일반적인 침투력의 크기를 나타낸다고는 할 수 없다.

접촉각은 검사면의 재질, 표면거칠기, 청결도 등에 따라 심하게 변화한다. 침투력이 우수하려면 좋은 적심성이 가장 우선적으로 요구되는 사항이라는 것이 의심할 여지가 없으며, 이는 실제 검사조건하에서 그 검사면에 대한 좋은 적심성을 말한다. 어떤 알루미늄 제품의 표면이 깨끗하고 매끈한 표면을 갖는다면, 주어진 액체로 만족스럽게 검사가 되겠지만, 표면이 거칠고 기름이 묻어 있거나 이물질이 묻어 있다면, 같은 액체로 검사하더라도 만족스러운 결과를 얻지 못할 것이다. 침투력은 표면장력과 적심성에 따라 영향을 받지만 이러한 성질을 가지고 그 크기를 측정하려면 특정한 표면에서나 가능할 것이다.

4) 밀 도(Density)

밀도는 액체의 침투성에 직접적인 영향을 주지 않는다. 대부분의 침투제는 비중이 1보다 작다. 이는 침투제의 주성분이 일반적으로 낮은 비중을 갖는 유기

〔표 2-2〕 상업용 침투탐상의 비중 및 무게 비교표

침투제 종류	비 중 60°F	Pounds per Gallon
Water-Wash Fluorescent	0.8550	7.119
Post Emulsification Fluorescent	0.9042	7.529
Post Emulsification Super-Bright Fluorescent	1.0000	8.328
Color-Contrast Low-Flash	0.8229	6.910
Color-Contrast High Flash	0.9371	7.804
Color-Contrast Non-Flammable	1.1241	9.361

화합물로 이루어져 있기 때문인데, 물론 이러한 성분들은 그 밀도가 낮은 것보다는 다른 성질 때문에 선택되는 액체들이다. 보통 사용되는 형광 침투제중의 한가지 종류는 1이상의 비중을 갖는다. 비가연성 염색 침투제중의 몇종류는 비교적 큰 비중을 갖는 것도 있다.

1이하의 비중을 가질 때의 장점은 침투제통에 물이 들어가더라도 통의 바닥에 물이 가라앉게 되므로 침투제가 제기능을 발휘하는데 별 지장을 주지 않는다는 점이다. 물의 오염은 앞으로 더욱 자세히 다루어질 문제이다. 그외의 장점으로는 운반할 때 가볍다는 점이 있다.

5) 휘발성(Volatility)

일반적으로 침투제는 비휘발성이어야 한다고 하는데 이는 낮은 기화압(Vapor pressure) 및 비휘발성을 보장하는데 필요한 정도의 높은 끓는 범위를 가져야 한다는 것을 뜻한다. 그러나 석유제품에 있어서는 끓는 범위가 높아질수록 점성이 증가하며, 이러한 제품 중에서는 점성이 작은 제품이 더 바람직한데 이유는 오직 점성이 높은 물질보다 빨리 침투하기 때문이다. 실제로는 휘발성보다는 점성이 침투제에 있어서 우선적인 문제점이 된다.

비휘발성 침투제가 선호되는 실질적인 이유로는, 침투제를 개방된 용기에 넣고 사용할 때, 증발되어 그 양이 줄어드는 것을 피할 수 있다는 것이지만, 보다 중요한 기술적인 이유는 휘발성 침투제를 사용할 경우 침투시간 중에 표면의 침투제가 건조되므로 침투시간동안 시험품을 계속 담가 놓아야 한다는 문제와, 침투시간후의 표면건조 및 현상시 균열안에 침투되어 있던 침투제가 건조되어 현상후에도 지시모양을 형성하지 못하게 되는 문제 때문이다. 시험품의 표면에 부분적으로 건조된 침투제는 수세성이건, 용제제거성이건—물론 수세성일 경우에 그 영향이 더 심각하다—깨끗이 제거하기가 어렵다. 비등점이 높은 액체를 침투제에 혼합하도록 하는것은 용해성을 좋게 하기 위한 것이다. 모든 경우에 다 그런것은 아니지만 휘발성이 높은 액체는 일반적으로 좋은 용매(溶媒)가 되지 못한다.

흔히 그렇지만 액체가 가연성일 때에는 침투제의 인하점을 높게 하여 화재를 방지하는 것이 구성성분 중에서 휘발성분을 최소로 하는 또 다른 중요한 이유이다. 물론 비가연성 성분으로만 되어있을 경우에는 문제가 없다.

휘발성분을 비휘발성 침투제에 적절한 비율로 혼합시키기도 하는데 이는 침투 속도를 촉진시키기 위하여 점성을 줄일 목적에서이며, 또한 침투제가 결함으로부터 스며나올 때 휘발성분이 증발하므로 침투제가 결함으로부터 넓게 퍼지는 것을 감소시킬 목적에서이다.

6) 인화점(Flash point)

바람직한 침투제는 높은 인화점을 가져야 한다. 인화점과 발화점(Fire point)과는 구분이 되어야 하는데, 액체의 인화점은 표준조건하에서 충분한 가연성 증기가 발생되어, 불꽃이 존재하면 즉시 공기와 혼합되어 폭발하게 되는 온도를 말한다. 더 높은 온도인 발화점은 액체 표면위의 증기에 불꽃이 당겨지면 액체가 불붙어 계속 타게 되는 온도를 말한다. 인화점이 낮은 침투제는 온도가 상승하면 증기를 발생시켜서 불꽃을 가까이 하면 폭발력을 가지고 타 버린다. 실제로 침투제는 검사장소 주위의 열에 의해 온도가 상승하거나 증기세척기에서 막 꺼낸 뜨거운 시험품을 침투제에 담그므로써 온도가 상승한다. 인화점이 낮은 액체는 거의 모두 낮은 발화점을 갖는데 이는 화재를 일으키기 쉽다.

〔표 2-3〕 상업용 침투탐상제의 인화점 비교표

침투제의 종류		인화점 °F–Closed Cup
Water-Wash	A.	130°
Water-Wash	B.	105°
Post-Emulsification	A.	175°
Post-Emulsification	B.	185°
Post-Emulsification	C.	121°
Color-Contrast	A.	48°
Color-Contrast	B.	185°
Color-Contrast	C.	148°
Color-Contrast	D.	Non-flammable

많은 제조회사나 정부고시의 기준들이 침투제의 인화점을 제한하고 있으며, 일반적인 사용조건하에서 130°F closed cup 이상의 인화점을 갖는 침투제는 심각한 화재의 위험성을 갖지는 않는다고 본다.

7) 화학적 불활성(Chemical inertness)

침투제는 시험제와 침투제 용기에 대하여 화학반응을 일으키거나 녹이 슬게 해서는 안된다. 기름을 용매로 한 침투제는 유화제가 알칼리성이더라도 대부분의 경우에, 앞서의 요구 사항을 충분히 만족시킨다. 그러한 침투제의 용기에 물이 들어가면 알칼리성 화합물이 형성되기도 하는데 이 화학물은 알루미늄을 부식시키거나, 용기의 페인트나 보호피막과 화학반응을 일으키기도 한다. 이러한 상황은 충분히 인식되어 미리 방지되어야 한다. 보통 검사 과정의 짧은 시간으로 인하여 침투제가 표면에 남기도 하는데, 이때 특히 물기가 있다면 부식이 되겠지만 그렇지 않다면 알루미늄이나 다른 시험품의 부식이 발생될 염려는 거의 없다. 이것이 침투제가 가능한한 물의 오염이 없도록 해야 하는 이유 중의 하나이다.

유화제와 혼합된 침투제가 표면에서 완전히 제거되지 않고, 알루미늄이나 마그네슘의 표면에 오랜 기간동안 남아있게 된다면 표면이 파여지는 현상(Pitting 발생)이 발생된다.

닉켈 합금은 고온에서 어떤 화학성분이 표면에 닿게 되면 손상을 입게 된다. 시험품의 복잡한 형상등으로 인하여 침투제가 완전히 제거되지 않을 수도 있기 때문에 이런 경우에는 그러한 성분의 함량이 낮은 특별한 침투제가 요구된다.

액체 연료를 사용하는 로켓트나 액체 산소를 사용하는 기구에 있어서 침투제는 액체 산소와 화학반응을 일으켜서는 안되므로, 이같은 경우에 특수한 침투제들이 복합되어 만들어진다.

침투제가 시험품에 주는 손상은 고무나 프라스틱 시험품의 경우에 더욱 문제가 된다. 그래서 이러한 조건을 만족시키기 위하여 특수한 침투제가 고안된다.

8) 세척시의 용해성(Solubility)

침투탐상검사시 시험품 표면의 침투제를 제거하는 것이 용이해야 하는데 대부분 이런 경우에 용제(Solvent)가 사용되며, 이러한 용제는 침투제를 쉽게 제거한다. 이는 또한 통이나 용기 및 침투제 제조시 사용되는 장비를 세척할 때에도 사용된다.

9) 침투제 자체의 용해성(Solvent ability)

모든 침투제는 염색제 또는 형광제가 포함되기 때문에 침투제 자체가 이러한 염료에 대하여 우수한 용제 역할을 해야 한다. 염료의 농도는(특히 염색침투제의 경우) 매우 높기 때문에 침투제의 우수한 용제 역할을 염두에 두어야할 사항이다.

적절한 염료도 많지 않아서 용해성을 고려한 염료의 선택 또한 제한된다. 침투제는 주위의 온도 또는 상승된 온도에서도 물론 염료의 필요한 농도 만큼을 용해해야 하지만 아주 낮은 온도에서도 용액내에 염료가 용해되어 있어야 한다. 침투제는 빙점 이하의 온도에서 운반되거나 저장될수도 있는데 염료가 용제와 분리되면 용기의 밑바닥에 가라앉게 될 것이다.

침투제가 검사장소 주위의 온도까지 상승하여 염료가 재용해된다 하더라도 사용자가 염료 용해의 중요성을 모르고 또한 재용해가 균일하게 되었다는 것을 확신하지 못한다면 검사가 제대로 수행되었다고 볼 수 없다.

여러 성분이 복합된 침투제에 있어서 성분들은 용제속에 균일하게 용해되어야 하는데 그러한 혼합물이 얻게되면 염료의 분리뿐만 아니라 재합성 하기가 매우 어려운 다른성분들도 분리될 수 있다. 그러므로 염료뿐 아니라 여러 성분을 같이 용해 시켜야 하는것이 실제 있어서 아주 중요한 문제가 된다.

10) 유화성 (Emulsifiability)

침투제의 대부분이 용제보다는 물로 세척을 한다. 그러한 침투제들은 적절한 유화제로 이미 유화되었기 때문에 물로 세척될 수 있는 것이다. 이러한 유화제는 대부분의 수세성침투제의 경우에 침투제 자체에 직접 혼합되어 있어서 "자체유화"를 시키거나 후유화성 침투제에서와 같이 따로 유화제가 적용 되기도 한다. 어떠한 경우에든 깨끗한 세척을 위하여 침투제의 기름성분 등은 유화제와 반응되어야 한다.

11) 독성(Toxicity), 냄새(Odor) 및 피부자극(Skin irritation)

취급자의 건강을 해치는 것도 침투제를 고안할 때 고려해야 할 중요한 사항이다. 침투제를 만들 때 인체에 대한 해로움을 모두 없앨 수는 없다.

이는 침투제로서의 성능을 유지하기 위하여는 어쩔 수 없는 일이다. 물론 독극물, 부식물이나 악취가 나는 것은 허용되지 않지만 이를 취급할 때에는 장해를 최소로 하여 검사가 수행 되도록 해야 한다. 요즈음 나온 침투제들은 이러한 면에서 보면 매우 안전하고 건강상의 해로움이 거의 없도록 만들어져 있다. 정부와 사용자들은 취급자들의 안전에 대한 보장을 요구하게 되어 광범위한 독성시험이 인정된 연구소에서 행하여지게 되었으며, 시판되는 많은 침투제들이 실제로 이러한 시험을 거친 것이다. 그러나 침투제에 혼합된 어떤 형광제들은 그 장해에 대하여 아직도 완전히 밝혀지지 않은 것이 있다. 이러한 경우에는 인정할 수 있는 시험을 거쳐 장해가 없다는 것이 밝혀지지 않는 한, 수반될 수 있는 장해를 충분히 평가해 보고 사용해야 한다. 앞서의 경우를 제외하고는 경험적으로 볼 때 피부염이나 알레르기가 종종 발생되기도 하나, 요즘의 침투제들은 앞서 기술한 방법과 공정에 따라 사용한다면 별다른 장해는 없을 것이다. 만약 이를 삼키는 경우가 발생되었더라도 생명을 잃거나 영구적인 손상을 입히지는 않는다.

12) 가　격(Cost)

우수한 침투제를 고안할 때 필수적으로 고려되어야 할 실질적인 문제가 가격이다. 요즈음에는 침투탐상검사는 여러가지 주요 부품 제작시에 필수적인 것이 되었으므로, 침투제의 합성시 경제성이 없이 침투제를 고가로 만드는 성분이 포함되어서는 안된다. 물론 가격에 상관하지 않고 특별한 검사를 할 때 특수한 침투제가 사용되어 비용이 많이 드는 경우도 있으나, 일반적인 경우에는 가능한한 가격이 저렴해야 한다.

13) 침투력(Penetrability)

침투탐상검사의 목적에 맞는 좋은 침투제라는 것은 정의를 내리기에도, 만들어내기에도, 평가하기에도 간단치는 않다.

아주 미세한 결함에 대한 침투력도 한가지 물리적 성질이 결정해주는 것이 아니기 때문에 명확하게 단정짓기에는 어렵다. 침투성이 큰것이 물론 경제성 있는 좋은 침투제라고 할 수는 없지만, 미세한 결함을 탐상한다는 관점에서는 침투성이 큰것이 좋다는 것이 분명하므로 침투제의 침투성에 관하여 측정하고 평가할 필요성이 대두되고 있다.

2. 현상제의 특성 및 성질

2-1 현상제의 기능

침투탐상검사에서 현상제란, 용어 그대로 들추어내고 재현하는 역할을 하는 것으로 결함부에서 침투제 지시모양을 나타내는 기능을 갖는 것이다.

적은 표면 개구부(開口部)로 침투된 소량의 침투제는 어떤 가능한 방법으로, 육안으로 볼 수 있는 침투제가 존재함을 나타내어야 하는데, 침투제 자신은 밝기나 색도를 증가시킴으로 지시모양을 더욱 쉽게 볼 수 있도록 가시성(Seeability)을 증가시킬 수 있으나, 현상제는 다른 방법으로 가시성을 증가시킨다.

즉, 현상제는 결함부에 적용된 침투제와 작용하여 육안으로 볼 수 있는 명암도(明暗度)를 증가시켜 가시성을 증가시킨다.

2-2 현상제의 작용

현상제는 여러가지 각기 다른 작용을 갖고 있으나, 이 모든 것이 모두 가시성

(可視性)을 증가시키는 것이다. 현상제는 미세한 분말로 구성되어 침투제가 적용된 후 시험품 표면에 도포된다.

도포된 형상분말은 다음과 같은 일을 한다.

1) 표면 개구부로부터 침투제를 빨아내는 흡출작용(吸出作用)
2) 침투제가 퍼지고, 분산시키는 작용
3) 배경색깔과 혼동을 방지하는 작용
4) 용제형 현상제는 현상분말의 흡출작용에 추가해서 용제의 작용을 통해 균열부의 침투제를 더 많이 빨아들이도록 한다.
5) 상기의 모든 작용을 통해 현상제는 시험의 감도를 증가시키고, 검사자가 짧은 시간내에 지시모양을 관찰할 수 있도록 한다.

2-3 요구되는 현상제의 특성

이상적인 현상제로서 고려되어야 하는 특성에는 다음과 같은 사항들이 있다.

1) 매우 미세한 입자 모양을 갖어야 한다.
2) 빨아들이는 작용이 최대가 보장되는 흡수력이 있는 재료이어야 한다.
3) 주위색깔과 구별될 수 있는 색깔이어야 한다.
4) 쉽고, 균등하게 적용시킬 수 있어야 한다.
5) 표면에 균일한 엷은 피막을 형성시켜야 한다.
6) 결함부위에서 침투제에 쉽게 젖어야 한다.
7) 형광침투제를 사용할 경우, 현상제는 형광이 아니어야 한다.
8) 시험 후 쉽게 완전 세척이 가능해야 한다.
9) 시험할 부품에 해를 가져와서는 안된다.
10) 작업자에게 유독하거나 해를 끼쳐서는 안된다.

2-4 현상제의 종류 및 특성

2-4-1 현상제의 종류

현상제는 다음의 3가지 종류로 분류된다.

1) 건식 현상제(乾式現像劑)
2) 속건식 현상제(速乾式現像劑)
3) 습식 현상제(濕式現像劑)

1) 건식 현상제

주로 산화규소의 초미립분말이 사용되며, 이 분말은 대단히 비중이 가볍고 공기분무기에 의해 현상처리를 시행하면 시험품의 구석구석까지 현상분말이 골고루 적용된다.

침적, 뿌림 등으로 적용하는 경우도 있으나 이 경우는 시험품의 형상에 따라서 시험면 전면(全面)에 적용되지 않는 수도 있으므로 주의하여야 한다.

2) 속건식 현상제

산화마그네슘, 산화칼슘, 산화티탄 등의 백색 미분말을 알콜류에 현탁하고 분산제 등을 첨가한 것이다. 휘발성 용제에 현탁하였으므로 현상제를 시험품에 적용하면 즉시 건조하고 현상도막을 형성한다. 따라서 개방형 장치에서는 사용이 곤란하고 주로 에어졸(Airzol) 용기에 의해 사용되고 있다.

3) 습식 현상제

주로 벤토나이트(일종의 점토), 활성백토 등에 습윤제, 수용성 계면활성제 등을 혼합한 분말제로 적당량을 물에 현탁해서 사용한다.

사용시에는 적당한 일정농도에서 사용하는 것이 중요하다. 적정농도는 시험에 의해 확인해서 결정하는 것이 좋다.

2-4-2 건식 현상제의 특성

이상적인 건식 현상제의 분말은 가볍고 부드러우며, 건조된 금속표면에 매우 고운 현상제 도막을 형성하여야 한다. 또한 분말은 공중에 날아다니지 말아야 하나, 현상처리시에는 어쩔수 없이 건식 현상제가 공기중에 날아다니므로 호흡시 검사자에게 영향을 줄 수 있다.

만약, 검사자가 현상장치내에서 계속적으로 작업을 할 시는 고무장갑과 방독면을 착용하여 손과 호흡기 장해를 예방하여야 한다.

건식 현상제는 일반적으로 수동식 장비를 이용하여 적용하며, 건식 현상제가 담긴 개방된 탱크를 주로 사용하고, 시험품을 분말속에 담그거나, 분말을 시험품에 뿌려서 적용하며, 표면의 과잉의 분말은 흔들거나 털어서 제거한다. 또 다른 효과적인 방법은 고무분무벌브(Rubber spray bulbs) 또는 에어분무총(Air spray gun)을 사용하는 것으로 매우 유용한 방법이다 (그림 2-2 참조).

최근에는 전자동현상처리장치가 개발되어 실용화되고 있어, 매우 편리한 방법으로 사용되고 있다.

(그림 2-2) 건식 현상제 적용(전기식분무기)

시험이 끝난후 표면에 남아있는 현상제는 보통 제거할 필요가 없으나, 특별한 경우 현상제를 제거해야 하는 경우도 있으므로 주의를 요한다.

2-4-3 습식 현상제의 특성

습식 현상제는 다음의 3가지 종류로 분류할 수 있다.

1) 수현탁용 현상제(Water suspendible developers)
2) 수용성 현상제(Water soluble developers)
3) 용제현탁용 현상제(Solvent suspendible developers)

1) 수현탁용 현상제

이것은 가장 널리 사용되고 있는 현상제로 물에 현탁되어 있으며, 소형에서 중형크기의 시험품을 형광탐상에 의한 다량검사에 적용된다. 특히 침투 및 세척과정을 거친 소형이며, 형상이 불규칙한 제품을 현탁액 속에서 한번에 신속하게 담그어 현상제를 골고루 적용시킬 수 있는 이점이 있다.

습식 현상제의 적용은 세척이 끝난 후 건조과정 바로전에 실시하고, 현상제를 적용후 바로 건조기에 넣어 건조시킨다. 습식현상제의 재료는 사용하기전 현상제에 물을 첨가한 건식현상제와 마찬가지이며, 시험품 표면상에서 건조후 건식 현상제와 동일한 특성으로의 현상제 도막을 갖는다. 그러나 실제적으로는 습식 현상제 재료는 건식 현상제보다 복잡하다. 왜냐하면 습식 현상제의 좋은 작업성을 만들어 주기위해 여러가지 첨가물을 포함하기 때문이다.

예를들어 시험품 또는 장비의 부식을 방지하기 위한 첨가물, 시험품 표면으로부터 현상제 도막을 쉽게 제거할 수 있도록 하는 것 등이다. 습식 현상제의 적용방법으로는 침적법, 또는 노즐로부터 분무하는 방법 등 수동식 적용방법이 널리 사용된다.

자동식 적용방법도 사용되고 있으나, 습식 현상제 적용시 중요한 것은 현상제 입자가 잘 현탁되어 적용된 도막의 두께가 균일하도록 조절되어야 한다는 것이다.

그래서 현상장치에는 특수펌프를 사용하여 일정한 현탁액이 유지되도록 교반시켜 주는 자동장치가 요구되기도 한다.

검사 후 현상제 제거는 건식 현상제와 마찬가지로 항상 필요한 것은 아니며, 시험품의 특성에 따라 제거여부가 결정된다. 이 습식 현상제의 제거방법은 물로 세척할 수 있기 때문에 가장 간단하게 제거할 수 있다.

2) 수용성 현상제

대부분의 수용성 재료는 좋은 현상제를 만들지 못하며, 전장에서 설명한 수현탁용 현상제로 대체해서 사용된다.

적심성, 부식 및 거품의 형성 등은 현탁용 현상제와 마찬가지로 용액과 합치되어야 하며, 일정한 농도를 유지하는 문제가 결여되어 있으나, 표면에 골고루 분포시키는 문제와 검사후 제거는 매우 간단하게 처리된다.

이 현상제는 앞으로 계속적인 개발이 기대되며, 용도가 점차적으로 증가되고 있다.

3) 용제현탁용 현상제

대표적인 용제현탁용 현상제는 백색분말을 알콜류와 현탁한 백색의 방법이다. 용제법은 표면에 스므스한 도막을 갖게하는 매우 효과적인 방법이며, 매우 신속하게 건조되어 수직표면에도 흐름이 거의 없이 도포할 수 있고 균일한 도막을 얻기에 편리하다.

이 현상제가 형광침투제와 함께 주로 분무용기(Spray cans)로 되어 휴대용으로 사용된다.

용제(Solvent)는 사용이 간편하며, 신속하게 건조하고 표면에 부드러운 도막을 형성하도록 하는 역할을 하며, 불연속부에 침투된 침투액을 빨아내는데 도움을 주는 역할도 한다.

이 현상제의 적용방법은 압축분무용기를 사용하여 시험품표면에 분무함으로 적용할 수 있는 간편한 방법이 주로 사용되고 있다. 또한 이 현상제를 적용하여 검사한 후, 표면에 남아있는 현상제는 대부분 제거할 것을 항상 요구하며, 제거방법은 물 또는 용제로 쉽게 제거된다. 증기 탈지방법도 좋은 세척방법이다.

2-5 현상제의 선택

침투탐상검사에서 현상처리가 양호한 결과를 얻는데 중요한 역할을 하기 때문에 적절한 현상제의 선택이 매우 중요한 사항중의 하나이다. 예를들면 매우 매끄럽고 연마된 표면에서는 건식 현상제가 충분하게 부착되지 못하고 표면에서 미끄러 떨어지게 된다. 이런 경우는 습식현상제를 적용하면 좋은 결과를 얻을 수 있다. 반면에 매우 거친 표면에서는 건식 현상제가 습식 현상제보다 더 좋은 결과를 얻을 수 있다.

그러므로 현상제를 선택하는데 고려되는 몇가지 사항은 다음과 같다.

1) 매우 매끄러운 표면에는 건식보다 습식 현상제를 사용한다.
2) 매우 거친 표면에는 건식 현상제를 사용한다.
3) 소형의 고속작업의 검사품에는 습식 현상제가 신속하고 편리하다.
4) 용제 현상제는 균열에 이상적이며, 폭이 넓고 얕은 결함을 찾는데는 부적당하다.
5) 습식이나 용제 현상제를 사용했던 거친 표면의 재검사는 어렵다.

3. 침투탐상검사제의 시험

3-1 침투제의 시험

액체침투탐상시험에 사용되는 침투제의 질(質)은 침투제의 감도, 수분함유량 및 그 점도를 점검하여 결정한다. 형광침투제가 자외선등(Black lights) 밑에서 퇴색하는 경향은 간단한 비교 시험으로 점검할 수 있다. 다음에 기술되는 시험들은 사용되었거나 사용할 침투제가 제대로 성능을 발휘하는가를 검사하는 방법이다. 다음에 언급하는 시험들은 일반적으로 시험실에서 연구원이 수행하는 것이며 검사자가 하는 시험은 아니다.

3-1-1 감도시험

감도시험(Sensitivity test)을 수행할 때 제조회사의 사양에 따라서 알루미늄 시험편의 반쪽 표면에, 사용하던 침투제를 적용하고 나머지 반쪽에는 새로운 침투제를 적용한다. 침투제의 침투시간, 유화 및 세척, 현상 등을 제조회사에서 권고하는 사용절차서에 따르도록 한다. 사용하던 침투제가 육안으로 관찰하여 새침투제보다 감도가 떨어지면 그 침투제는 오염된 것으로 간주하여 폐기한다.

이때 사용되는 알루미늄 시험편에 대해서는 제 4 장 「검사용 장치기구 및 시험편」에서 자세히 언급하기로 한다.

3-1-2 수분함량시험

수분함량시험(Water content test)의 방법으로는 ASTM-D95의 방법이 가장 좋다. 즉, 100 ㎖의 침투제를 가열플라스크에 비슷한 양의 수분이 없는 크실렌과 함께 넣는다. 플라스크는 응축기에 연결하여 응결된 수분이 25 ㎖ 계량튜브에 모이도록 한다. 물이 튜브에 더이상 고이지 않으면(약 1시간 후) 가열을 멈춘다. 냉각시켜서 물의 부피를 튜브에서 읽어내면 ㎖단위로 읽는 부피가 침투제에 함유된 물의 용적 백분율이다.

그 백분율이 제조회사의 권고치를 초과한다면 침투제는 폐기시킨다.

3-1-3 점성시험

침투제의 점성(Viscosity)은 100℉의 일정한 온도에서 점도계를 사용하여 측정한다. Centistoke(Kinematic viscosity의 단위)로 측정한 값이 제조회사의 권고치 범위를 벗어나면 역시 폐기시킨다.

3-1-4 형광침투제의 퇴색정도 시험

형광침투제의 퇴색정도의 비교시험에는 자외선등 하에서 알루미늄시험편과 침투제, 시험편의 절반정도 크기의 종이가 필요하다.

침투제를 제조회사의 사양에 따라서, 시험표면에 적용시킨 후 15″거리에서 100 W Spot light식 자외선등을 조사한다. 이때 반쪽은 종이로 가리고 자외선등을 한 시간동안 비춘후에 종이를 치운 후, 양쪽의 형광성을 비교한다. 자외선 등에 노출되었던 부분의 형광성이 현저히 떨어지면 침투제를 폐기 시켜야 한다.

3-2 유화제의 시험

유화제는 수세성, 수분함량, 점성에 대하여 시험하며, 일반적으로 다음에 언급된 방법이 실험실에서 수행된다.

3-2-1 수세성 시험

여기서 기술되는 수세성시험(Water washable test)은 간단하지만, 유화제의 효율을 나타내는 중요한 것으로서, 시험을 위해서 Steel 시험편, 사용하던 유화제, 새유화제 및 침투제가 필요하다. 유화제와 침투제의 혼합물 2가지가 준비되어야 하는데, 하나는 새유화제와 새침투제를 50%씩 섞고 또 하나는 사용하던 유화제 75%, 새침투제 25%의 비율로 섞는다.

시험편의 샌드브라스팅(Sand blasting)한 면이 위로 가도록 하여 75° 각도로 세우고 각각 10cc의 혼합물을 1½″ 정도의 폭으로 두줄기를 흘러 내리도록 한다. 5분정도 후 제조회사의 사양에 따라 유화된 침투제를 씻어낸다. 이때 두줄기가 모두 잘씻겨지면 사용하던 유화제가 양호한 것이지만, 사용하던 유화제를 섞은 것이 천천히 씻기거나 침투제 자국이 남으면 그 유화제는 폐기시킨다.

3-2-2 수분함량시험

이 시험은 3-1-2항에서 서술된 침투제의 수분함량시험과 동일한 방법으로 한다.

3-2-3 점성시험

이 시험 역시 3-1-3항에서 서술된 침투제의 점성시험과 동일한 방법으로 수행한다.

3-3 현상제 시험

3-3-1 건식 현상제

건식 현상제는 육안으로 관찰할 수 밖에 없는데 불수용성(不水溶性)이므로 공기중의 습기를 흡수하지 않아서, 물과 직접 닿지만 않으면 별문제가 없다. 덩어리가 지거나 젖었던 흔적이 있으면 폐기해야 한다.

3-3-2 습식 현상제

습식 현상제는 밀도에 대해서만 시험을 하는데 액체비중계를 사용하여 측정하고 그 값이 제조회사의 권고치와 다르면 비중이 허용범위에 들어가도록 충분한 양의 가루(또는 액체)를 현상제에 첨가한다.

제 3 장
침투탐상검사의 기본방법

1. 침투탐상검사의 종류

침투탐상검사법은 사용할 침투액의 색채(色彩)의 차이와 세척방법의 차이에 의해 여러 종류로 분류된다. 색채의 차이란 형광침투탐상검사와 염색침투탐상 검사의 2가지 방법으로 크게 구분된다.

형광침투탐상검사는 형광물질을 포함하고 있는 침투액을 사용하는 방법으로 파장이 330～390 Nanometer의 적외선을 조사(照射)해서, 결함지시 모양으로부터 황록색 등의 형광이 발광(發光)되는 상(傷)을 검출하는 방법이며, 지시모양을 관찰하는 장소가 어두운 곳으로, 최소한의 장치로는 자외선 조사등(Black light)이 필요하다.

염색침투탐상검사는 적색염료를 포함하고 있는 침투액을 사용하는 방법으로, 자연광 또는 백색광(白色光)하에서 적색의 결함시지모양을 관찰하는 방법이다. 밝은 장소라면 실내, 실외 어디서든지 검사를 할 수 있으며, 장소, 전원(電源), 탐상장치 등의 제약(制約)은 형광침투탐상검사와 비교해서 적다.

또한, 상기 2가지 방법은 침투액의 세척방법에 의해 각각 수세성 침투탐상검사, 후유화성 침투탐상검사, 용제제거성 침투탐상검사의 3가지 방법으로 분류된다.

수세성 침투탐상검사 및 후유화성 침투탐상검사는 사용하는 침투액이 모두 물로 세척하는 검사법으로, 수세성 침투탐상검사는 침투액을 물로 직접 세척하나, 후유화성 침투탐상검사는 침투액 자체가 수세성이 없으므로, 침투처리 후 물로 세척할 수 있는 유화처리(乳化處理)가 필요하다.

용제제거성 침투탐상검사에 사용되는 침투액은, 물로 세척할 수 없기 때문에 유기용제의 세척제를 사용해서 세척처리를 한다.

이상의 침투탐상검사법은 침투액의 차이와 세척방법의 차이에 의해 표 3-1에 나타낸 것과 같이 5종류의 방법으로 분류되고 있으며 이것은 K.S 규격에 명시되어 분류기호를 첨부하였다.

〔표 3-1〕 침투액의 종류에 의한 시험 방법의 분류(KS-B-0816)

명 칭	방 법	기 호
형광 침투 탐상시험	수세성 형광 침투액을 사용하는 방법	FA
	후 유화성 형광 침투액을 사용하는 방법	FB
	용제 제거성 형광 침투액을 사용하는 방법	FC
염색 침투 탐상시험	수세성 염색 침투액을 사용하는 방법	VA
	용제제거성 염색 침투액을 사용하는 방법	VC

〔비고〕 후유화성 형광침투액을 사용하는 유화제에는 유성유화제와 수성유화제가 있다.

2. 침투탐상검사법의 특징

2-1 수세성 형광침투탐상검사

이 방법은 형광침투탐상검사법에서 가장 많이 쓰이는 일반적인 방법으로 최근에는 감도적으로도 후유화성 형광침투탐상검사법과 같은 고감도의 탐상제가 적용되고 있다.

1) 장 점 :

가) 시험품 표면 조도가 70S 정도의(사상면 ▽) 거칠기를 갖는, 비교적 표면조도가 거칠은 것에 사용할 수 있다.

나) Key 또는 나사부와 같은 형상이 복잡한 시험품탐상이 가능하다.

다) 넓은 면적의 시험품을 1회의 작업으로 탐상할 수 있음.

라) 다른 방법과 비교해서 량산부품의 탐상에 적합하다. 이 경우는 개방형의 탐상장치가 사용된다.

마) 고감도 수세성 형광침투탐상검사로는 아주 미세한 결함의 탐상이 가능하다.

2) 단 점 :

가) 수분이 혼입되면 침투액의 성능이 현저히 저하된다.

나) 전원, 물 및 검사장소를 어둡게 설비함과 동시에 자외선조사등이 필요함.

다) 아주 미세한 결함의 탐상이 곤란하다(고감도 탐상법을 제외함).

라) 박판의 탐상으로, 관통된 결함이 예측되는 경우에는 적합하지 않다.

2-2 후유화성 형광침투탐상검사

이 방법은 다른방법과 비교해서 가장 감도가 높은 검사방법이다.

1) 장 점 :

가) 지나친 세척의 폐단을 방지하며, 미세한 결함 또는 비교적 폭이 적은 결함의 탐상이 가능함.

나) 일반적으로 다른 방법에 비해 침투시간을 단축할 수 있다.

다) 침투액은 수분의 혼입 또는 온도의 영향에 의한 성능의 저하가 적다.

라) 어느정도 소형의 다량부품의 검사에 적용되며, 이 경우 개방형의 탐상장치를 사용하는 것이 효과적이다.

2) 단 점 :

가) 시험품의 표면 조도가 거칠은 물건에 적용되지 못한다.
6S 정도(사상면 ▽▽▽)이상의 연마면의 시험품에 적용된다.

나) 유화처리를 필요로하기 때문에 탐상절차가 복잡하여 숙련이 요구된다.

다) Key 또는 나사부와 같은 형상이 복잡한 시험품의 탐상에는 적합하지 않다.

라) 대형부품의 탐상이 곤란하다.

마) 전원, 물 및 검사장소를 어둡게 설비하고 자외선 조사등이 필요하다.

바) 이 탐상검사에 사용되는 유화제는 수분, 침투액의 혼입에 따라 성능이 변화하므로 관리가 복잡하다. 특히 유화시간의 조정(調整)이 어렵다.

2-3 용제제거성 형광침투탐상검사

1) 장 점 :

가) 형광침투탐상검사법 중에 휴대용으로 사용된다.

나) 용제제거성 염색침투탐상법과 비교해서 감도가 높다.

다) 일반적으로 다른 방법에 비해 침투시간을 단축할 수 있다.

라) 대형부품, 구조물의 부분탐상에 적합하다.

마) 수도시설이 불필요하다.

2) 단 점 :

가) 시험품의 표면 조도가 거칠은 것에 적용이 곤란하다. 대개 50S(사상면 ▽

▽) 정도의 연마면까지 가능하다.

나) 세척처리가 곤난하고, 작업이 잘못되면 검출감도가 저하되므로 숙련이 요구된다.

다) 검사장소를 어둡게 해야 하고, 자외선 조사등이 필요하다.

2-4 수세성 염색침투탐상검사

1) 장 점 :

가) 시험품 표면 조도가 거칠은 것에 적합하다.

나) 세척처리가 비교적 쉽다.

다) 검사장소를 어둡게 하거나 자외선 조사등이 필요하지 않다.

2) 단 점 :

가) 다른 방법과 비교해서 결합검출감도가 낮고, 특히 미세한 결함의 탐상에는 적합하지 않다.

2-5 후유화성 염색침투탐상검사

염색침투탐상법 중에서는 가장 결함검출감도가 높은 방법이나 후유화성 형광침투탐상법보다는 감도가 낮다. 일반적으로 사용되지 않는 방법으로 K.S규격에도 명시되어 있지 않은 방법이다.

1) 장 점 :

가) 과세척의 폐단이 적고, 비교적 미세한 결함, 폭이 좁은 결함의 탐상도 가능하다.

나) 일반적으로 다른 방법에 비해 침투시간을 단축할 수 있다.

다) 침투액은 수분의 혼입 또는 온도의 영향에 따라 성능의 저하가 적다.

라) 어느정도 소형이고 다량 부품의 시험에 적용된다. 이 경우 개방형의 탐상장치를 사용한다.

마) 검사장소를 어둡게 하거나 자외선 조사등이 필요하지 않다.

2) 단 점 :

가) 시험품의 표면조도가 거칠은 것은 적용할 수 없다. 6S 정도(사상면 ▽▽▽) 이상의 정밀주조품, 연마면의 시험품에 적용된다.

나) 유화처리를 필요로 하기 때문에 탐상절차가 복잡하여 숙련을 요한다.

다) Key 또는 나사부형상의 복잡한 시험품의 탐상에 적용되지 않는다.

라) 대형품의 탐상에 곤란하다.

마) 이 탐상시험에 사용하는 유화제는 수분, 침투액의 혼입에 따라 성능이 변하므로 관리가 복잡하다. 특히 유화시간의 조정이 어렵다.

2–6 용제제거성 염색침투탐상검사

침투탐상검사법 중 가장 널리 적용되는 방법으로, 일반적으로 에어졸 제품의 탐상제가 많이 사용되고 있다.

1) 장 점 :

가) 전원, 수도 및 장치가 불필요 하고, 가장 휴대성이 좋은 방법이다.

나) 큰부품, 구조물의 부분 탐상에 적당하다.

다) 작업순서가 다른 방법에 비해 가장 간편하다.

2) 단 점 :

가) 표면조도가 50S(사상면 ▽▽)정도 이상의 면에 적용할 수 있으나, 표면이 거칠은 시험편의 탐상에는 적합하지 않다.

나) 개방형의 침투액조가 사용되지 않고, 다량부품의 탐상에는 적합하지 않다.

다) 세척 처리가 힘들다.

3. 현상법의 종류

현상법은 현상제를 사용하는 방법과 현상제를 사용하지 않는 방법이 있으며 그 종류는 표 3–2에 표시한 4종류로 분류된다.

〔표 3–2〕 현상 방법의 분류

명 칭	현 상 방 법	기 호
건 식 현 상 법	건식 현상제를 사용하는 방법	D
습 식 현 상 법	습식 현상제를 사용하는 방법	W
	속건식 현상제를 사용하는 방법	S
무 현 상 법	현상제를 사용하지 않는 방법	N

〔비고〕 시험방법의 표시는 표 3–1 및 표 3–2의 기호를 조합한다.

보기 FA–W : 수세성 형광침투액을 사용하고, 습식 현상제를 적용하는 방법.

역시 표 3–2에서는 현상법의 종류에 따른 K.S 규격에서 규정된 분류기호를 첨부하였다.

4. 현상법의 특징

4–1 건식 현상법

이 방법은 백색미분(微粉)의 건식 현상제를 적용하는 방법으로 후유화성 형광침투탐상검사, 수세성 형광침투탐상검사와 조합해서 적용하는 경우가 많다. 그러나 염색침투탐상 시험에는 적용하지 않는다.

이 방법은 그림 3–1에 나타낸 것과 같이, 현상제는 결함으로부터 빨려 나오는 침투액에 의해서 시험품의 표면에 흡착된다.

다시 말해서, 결함의 부분에 흡착된 현상제의 입자는 모두 침투액에 덮이고 침투액에 덮히지 않은 현상제의 입자는 시험품의 표면에 흡착하지 않는다. 따라서 결함의 지시모양은 시간이 경과하면 선명한 상을 나타내고 근접한 상을 관찰할 수 있다. 그러나 이 방법은 시험면 전체에 현상제를 적용할 필요가 있고 일반적으로 공기분무방식을 적용하고 있다.

또, 이 방법에는 현상제가 날아다니기 때문에 밀폐된 현상장치가 필요하다.

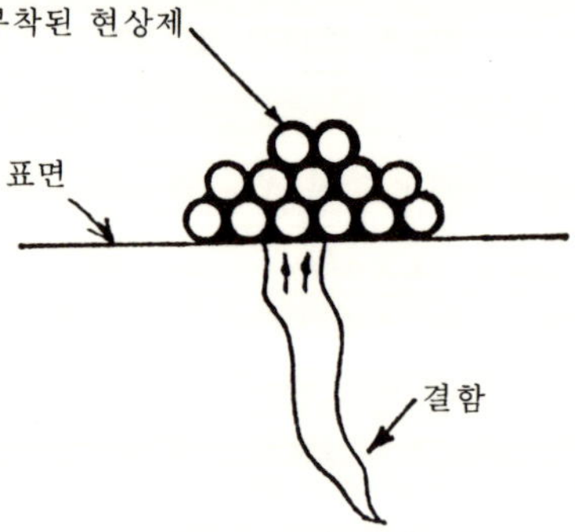

(그림 3–1) 건식 현상의 현상작용

4–2 습식 현상법

현상제를 물에 분산시킨 습식 현상제를 적용하는 방법으로 수세성 침투탐상검사와 조합해서 적용하는 경우가 많다. 또 다량의 시험품 탐상에 적합하며 일반적으로 개방형의 장치를 적용하고 있다.

이 방법은 그림 3–2에서 나타난 것과 같이 시험편의 넓은 범위에 현상제의 피막을 형성하기 때문에 시간의 경과와 함께 결함의 지시모양이 배어 나온다. 따라서 지시모양의 크기와 형상도 변화하기 때문에 관찰, 판정하는 경우는 현상제를 적용하고부터 관찰할 때까지의 시간과 그 경과에 주의해야 한다.

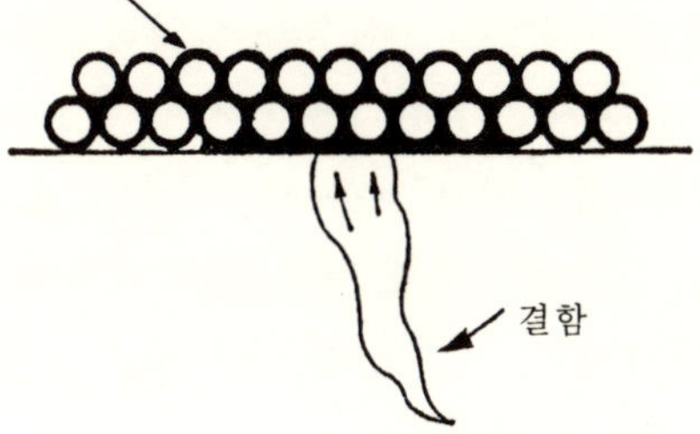

(그림 3–2) 습식 현상의 현상작용

4–3 속건식 현상법

휘발성의 유기용제에 분산시킨 현상제를 적용하는 방법으로 용제 제거성 침투탐상검사와 조합해서 적용한다. 이 방법은 시험편의 표면에 도포한 현상제가 신속하게 건조해서 습식 현상법과 같은 현상제의 피막을 형성하기 때문에, 결함의 지시모양은 시간의 경과와 함께 변화하므로 주의해야 한다. 현상절차는 다른 방법에 비해 어렵고, 또 개방형의 장치를 사용하는 것이 좋다. 이 방법은 사용하는 현상제가 즉시 건조하기 때문에 속건식 현상법이라고 하지만, 습식 현상법에 포함해서 분류하는 경우도 있다.

4–4 무현상법

세척처리를 한 후 현상제를 적용하지 않고 관찰하는 방법으로 현상제를 사용하지 않이 무현상법이라고 한다.

이 방법은 세척처리 후에 건조하는 것을 조건으로 시험품과 침투액의 열(熱)에 의해 팽창해서 지시모양을 형성한다. 따라서 지시모양은 지극히 선명하고, 습식 현상법 또는 속건식 현상법의 경우와 같은 지시모양의 변화는 볼 수 없다. 또한 이 방법은 형광침투탐상검사에 적용하려면 형광휘도가 높은 침투액을 사용한 고감도 수세성 형광침투탐상검사와 조합해서 사용하는 경우가 많다. 특수한 적용예로는 Wink ziglo 등에 적용되고 있다.

5. 침투탐상검사의 적용

침투탐상검사는 다른 비파괴검사와 비교해서, 설비 및 재료에 대해 간편하다는 이점을 갖고 있다. 그러나 신뢰성 높은 시험을 실시하는데는 우수한 성능의 탐상제를 사용하고, 적절하며 안정된 탐상절차를 실시할 필요가 있다. 그래서 각 탐상검사법 중에서 어느 방법을 선택해서 적용하는가는 시험품의 중요성, 시험품의 재질과 크기 및 처리수량, 시험면의 조도 등과 함께 예측되는 결함의 종류와 크기, 전원 및 수도의 유무, 탐상제의 성능, 작업성, 경제성들을 고려해서 결정할 필요가 있다.

표 3-3은 침투탐상검사법의 일반적인 적용범위를 나타내고 있다.

〔표 3-3〕 침투 탐상 시험법의 적용 범위

항목 \ 검사방법	FA	FB	FC	VA	VB	VC
미세균열 폭이 넓은 균열		0			0	
피로균열, 연마균열 폭이 매우 좁은 균열		0	0			
소형의 양산부품 나사 등의 예각부	0					
면이 거친 시험편	0			0		
대형부품, 구조물을 부분적으로 시험할 경우			0			0
시험장소를 어둡게 할 수 없는 곳				0	0	0
수도 및 전기 설비가 없는 경우						0

6. 침투탐상검사의 기본절차

침투탐상검사는 전에 기술한 것과 같이 사용할 침투액에 따라 검사법 및 적용할 현상법을 분류한다. 선정된 검사법과 그것에 적용할 현상법에 의해 작업절차가 다르다.

표 3–4는 K.S 규격에 명시된 침투탐상검사의 절차를 나타내고 있으며, 그림 3–3과 3–4는 각종의 시험방법 중에서 대표적인 것을 선택, 절차를 그림으로 해설한 것이다.

또한 표 3–5와 3–6은 형광 및 염색침투탐상검사의 기본 절차를 도표로 나타낸 것이다.

〔표 3–4〕 시험의 절차(KS-B-0816)

사용하는 침투액과 현상제의 종류	시험방법의 기호	시험의 절차									
		전처리	침투처리	유화처리	세척처리	제거처리	건조처리	현상처리	건조처리	관찰	후처리
수세성형광침투액 -건식현상제	FA-D	○	○		○		○	○		○	○
수세성형광침투액 또는 수세성염색 침투액 -속건식현상제	FA-W VA-W	○	○		○			○	○	○	○
수세성형광침투액 또는 수세성염색침투액 -속건식현상제	FA-S VA-S	○	○		○		○	○		○	○
수세성형광침투액 -사용하지 않음	FA-N	○	○		○		○			○	○
후유화성형광침투액 -건식현상제	FB-D	○	○	○	○		○	○		○	○
후유화성형광침투액 -습식현상제	FB-W	○	○	○	○			○		○	○
후유화성형광침투액 -속건식현상제	FB-S	○	○	○	○		○	○		○	○
용제화성형광침투액 -건식현상제	FC-D	○	○			○		○		○	○
용제제거성형광침투액 또는 용제제거성염색 침투액 -습식현상제	FC-W VC-W	○	○			○		○	○	○	○
용제제거성형광침투액 또는 용제제거성염색 침투액 -속건식현상제	FC-S VC-S	○	○			○		○		○	○
용제제거성형광침투액 -사용하지 않음	FC-N	○	○			○				○	○

(1) 세척 및 침투제 적용 :
시험품 표면에 묻어 있는 오물, 기름 등을 세척한 후 전표면에 침투제를 분무, 도포, 침적 등의 방법으로 적용시킨다.

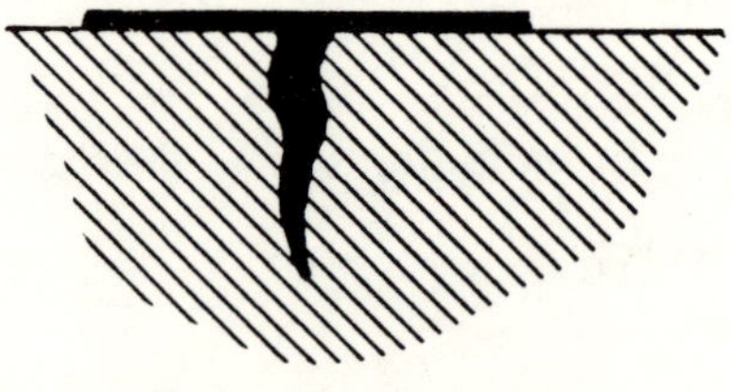

(1) 세척 후 침투제 적용

(2) 과잉 침투제 제거 :
일정시간의 침투시간이 지난 후 침투하고 남은 표면의 과잉 침투제를 물 또는 용제 등으로 세척, 제거한다.

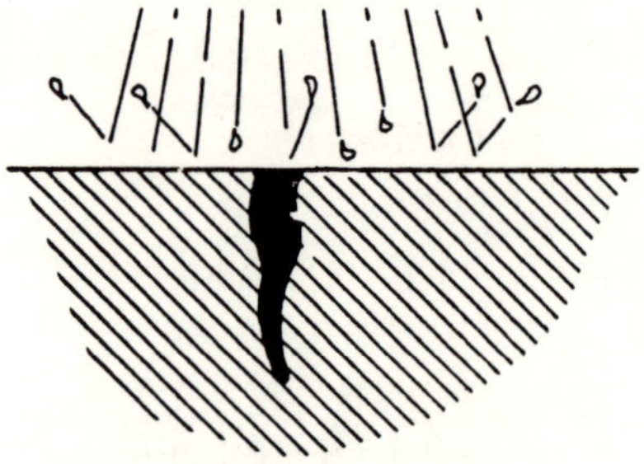

(2) 침투제 제거

(3) 현 상 :
침투제가 제거된 시험품 표면에 현상제를 적용하여 지시 모양을 형성시킨다.

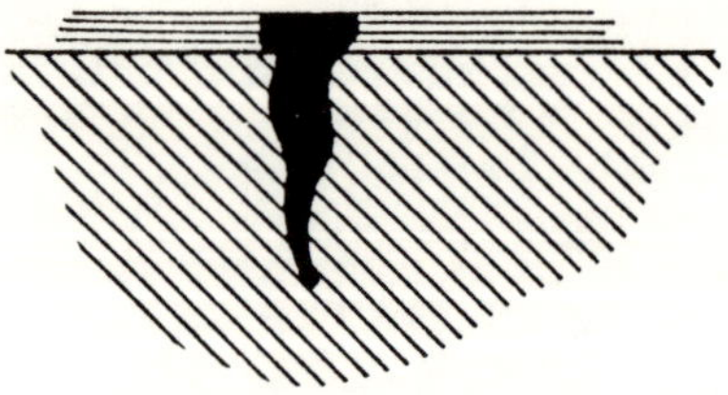

(3) 현상제 적용

(4) 검사 및 후처리 :
사용한 침투제의 종류에 따라 백색광 또는 자외선 등 아래서 나타난 지시모양을 관찰하고 판독하며 검사가 끝난후 시험품 표면의 현상제 등을 제거하는 후처리를 실시한다.

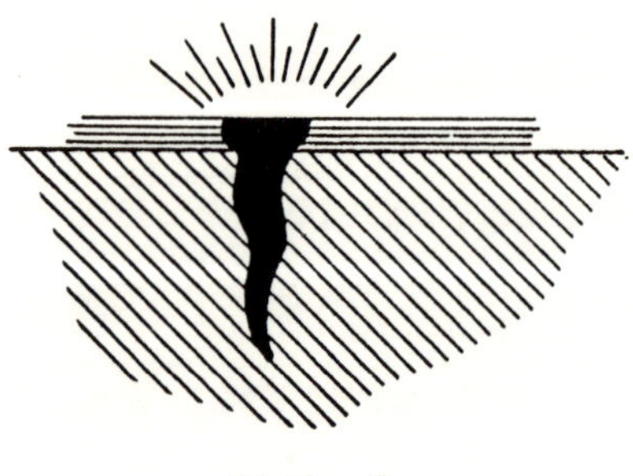

(4) 검 사

(그림 3-3) 수세법 및 용제제거법의 중요 기본과정

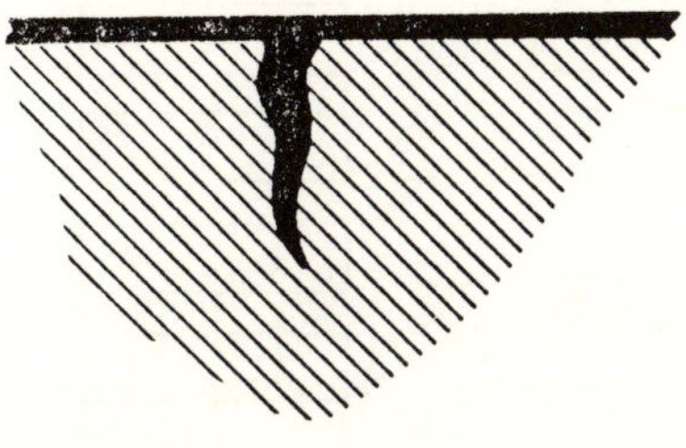

(1) 침투제 적용 : 전처리 된 표면에 침투제를 적용

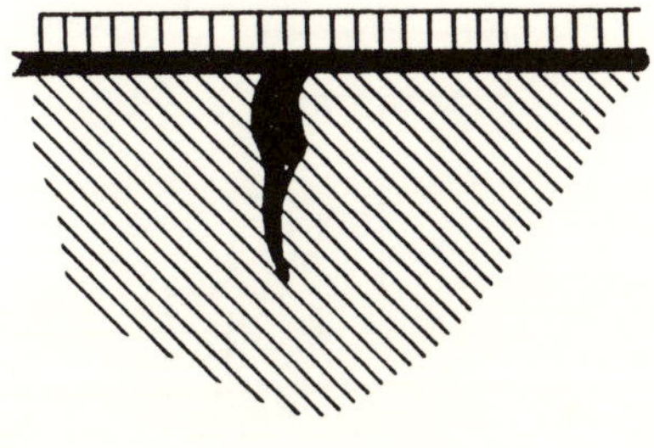

(2) 침투제 위에 후유화제 적용

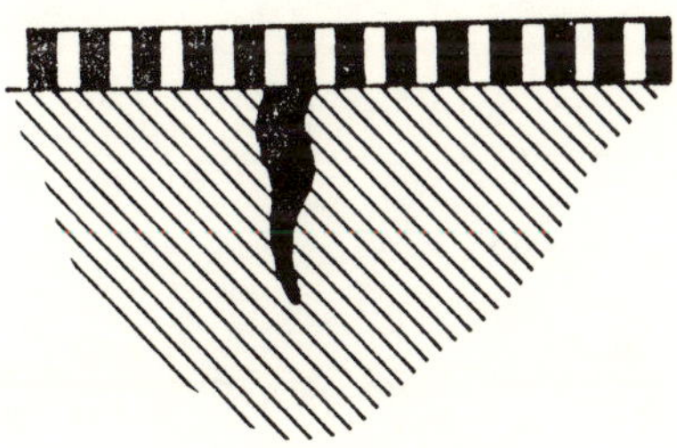

(3) 침투제의 후유화작용

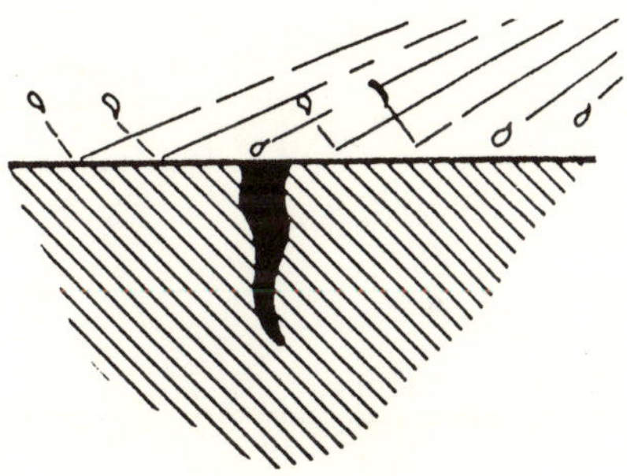

(4) 유화된 침투제 제거

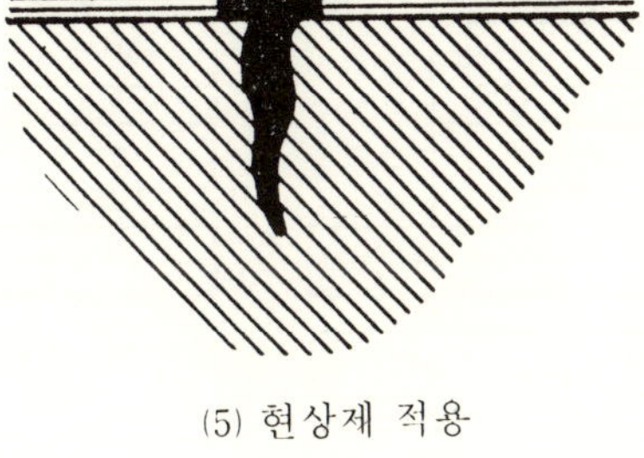

(5) 현상제 적용

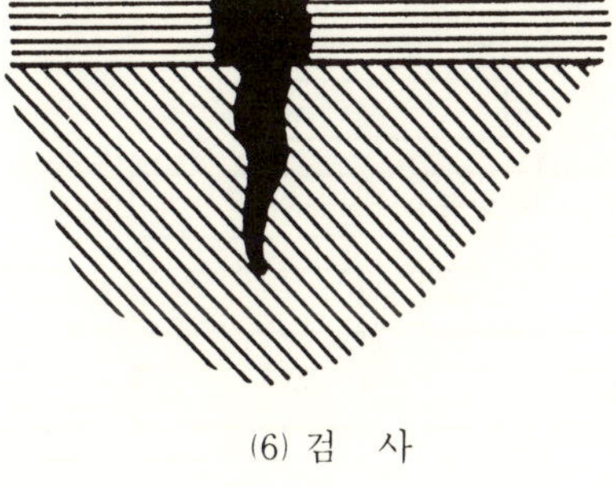

(6) 검 사

(그림 3-4) 후유화제법의 중요 기본 과정

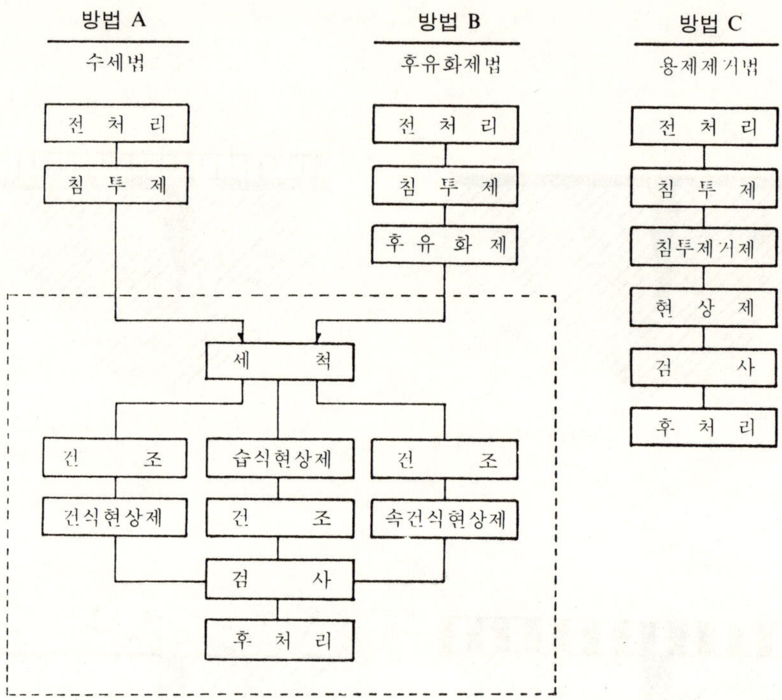

〔표 3-5〕 형광침투탐상시험(Type Ⅰ)

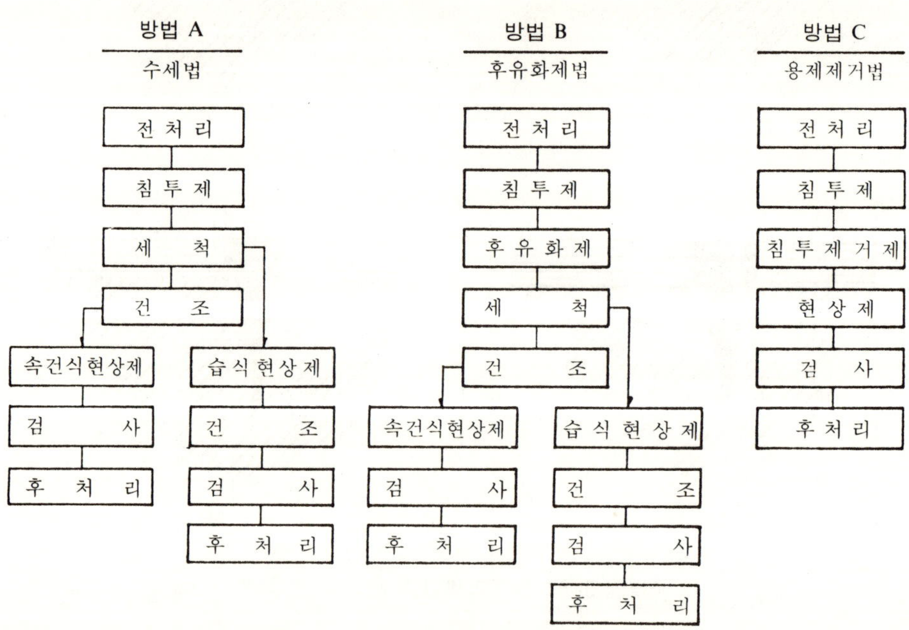

〔표 3-6〕 염색침투탐상시험(Type Ⅱ)

7. 침투탐상검사의 방법

침투탐상검사의 순서에 따라 그 실시방법을 차례로 기술하면, 결함 검출능력은 탐상제의 성능과 시험절차의 적부로 결정된다. 우수한 탐상제를 사용해도 시험절차의 순서와 방법이 적정(適正)하지 않으면, 높은 결함 검출능력을 얻지 못한다. 따라서 시험의 실시에서 시험절차의 순서를 주의깊게, 정확하게 실시하여야 한다. 침투탐상검사의 신뢰성은 시험을 실시할 기술자의 능력에 좌우된다고 해도 과언이 아닐 것이다. 따라서 기술자는 적정한 시험의 실시방법을 습득하는 것과 부적당한 방법에 의한 피해에 대해서도 충분한 지식을 갖는 것이 필요하다.

침투탐상 검사에 포함되는 기본적인 절차는 다음과 같다.

1) 전처리
2) 침투처리
3) 유화처리–후유화성 탐상법에 한함.
4) 세척처리
5) 현상처리
6) 건조처리
7) 관 찰
8) 재시험
9) 후처리
10) 시험결과의 기록

7–1 전처리(前處理)

침투탐상검사는 먼저 시험품에 있는 결함내부에 침투액을 충분히 침투시켜야 한다. 그러나 표면이 오물, 먼지, 스케일 등의 이물질이 부착되어 있으면, 침투액이 결함의 내부에 침투되는 것을 방해해서 결함지시 모양이 의사지시 모양을 만들거나, 결함을 검출하는 데 지장을 초래하기 때문에, 시험전 표면의 세척은 중요한 과정이다. 일반적으로 세척시의 시험편 표면온도는 16~52℃(60~125℉)가 표준이며 52℃ 이상을 넘지 않도록 한다.

〔표 3-7〕 전처리시 표준 적용온도

ASTM-E-165	16–32℃ (60–90℉)
ASME	16–52℃ (60–125℉)
JSNT	15–40℃
K.S.	15–50℃

7–1–1 전처리 필요성

액체침투탐상검사를 수행하기 이전에 시험체를 적당히 전처리하는 것은 정확한 결과를 얻기 위하여 절대적으로 필요하다.

표면의 오염물의 적절한 제거 없이는 다음과 같은 사항때문에 관련지시를 놓치게 된다.

1) 침투제가 결함속으로 침투되지 못한다.
2) 침투제가 결함안에 있는 이물질과 반응을 하기 때문에 결함을 식별하는 능력을 잃게 된다.
3) 결함의 주위표면에 결함의 출현을 방해하는 침투제가 남는다.

모든 적용된 페인트 같은 피막, 도금 혹은 코팅 등은 액체침투탐상검사를 수행하기전에 제거되어야만 한다.

전처리가 완전하지 않으면, 열처리나 용접시에 나타나는 스케일, 후럭스(Flux) 등 또는 페인트 잔유물 등과 같은 물질이 침투제를 방해하는 원인이 되어, 허위지시 등을 나타내기 쉽다.

7–1–2 전처리 방법(Pre-Cleaning method)의 분류

전처리방법은 일반적으로 화학적, 기계적 방법 및 용제법 혹은 이들을 혼합한 방법으로 실시한다.

1) 화학적 방법(Chemical method)
   대표적인 화학적 세척방법에는 알카리 혹은 산세척, Pickling(묽은 산용액으로 세척), 화학적 부식법(Chemical etching) 및 염기성 세척 등이 포함된다.
2) 기계적 방법(Mechanical method)
   기계적 세척방법은 Tumbling법, 습식 또는 건식의 브라스팅(blasting)법, 와이어 브러싱(Wire brushing)법, 고압(高壓)용수 혹은 증기세척, 그리고 초음파세척 등이 포함된다.

3) 용제법(Solvent method)

용제세척방법으로 가장 많이 사용되는 방법은 증기 탈지(Vapor degreasing)법이며 용제분사식 또는 용제를 적신후 문질러 닦는 법 등의 방법들이 적용된다.

7-1-3 전처리 방법의 선택

세척방법의 선택에 있어서 고려되어야 할 첫번째 중요한 요인은, 제거되어야 할 오물의 종류이며, 둘째는 세척될 시험품의 성분을 알아야 하는 것이고, 셋째는 안전과 건강에 관한 사항이다.

이상의 것들을 요약해서 설명하면 다음과 같다.

1) 유지류(油脂類), 기타 가벼운 오물의 경우 :

기계유(機械油), 경유 등은 아세톤, 트리클에칠렌, 트리클에탄 등의 유기용제

(그림 3-5) 증기 탈지 장치

의 세척제를 사용하며, 중유(重油), 그리이스 등은 트리클, 에칠렌, 증기세척 또는 증기탈지법이 효과적이다.

유지류 이외의 무기 오염물의 경우는 유기용제로는 좋으나, 일반적으로 수용성의 세척제가 최적이다.

2) 녹, 도료, 스케일, 카본(Carbon) 등의 고형 오염물의 경우 :

이러한 오물들은 세척제로는 제거되지 않으므로, 기계적 방법으로 제거하는 경우가 많지만, 앞에 기술되었듯이 존재하는 결함에 영향을 주지 않는 방법으로 실시할 필요가 있다.

브라스팅(Blasting), 와이어 브러쉬(Wire brush), 연마 등의 방법은 개구부를 막을 위험이 있으므로 사용을 피하도록 하는 것이 좋고, 특히 시험품이 단단하지 않은 재료의 경우에는 기계적 방법을 적용하지 않도록 한다.

경도(硬度)가 록쿠웰 40(HRC 40)이상의 재료의 경우에는, 경질(輕質)의 와이어 브러쉬나 그라인더 정도로 행하여도 무방하다. 또한 이러한 오염물을 산이나 알카리세제, 페인트제거제, 스케일제거제 등과 같은 화학약품으로 처리하는 것도 좋으나, 이때 화학약품이 침투액 또는 시험품과 화학반응을 일으켜, 침투액의 형광성 및 색채의 둔화, 재료의 부식 등에 영향을 미치지 않아야 할 것이다.

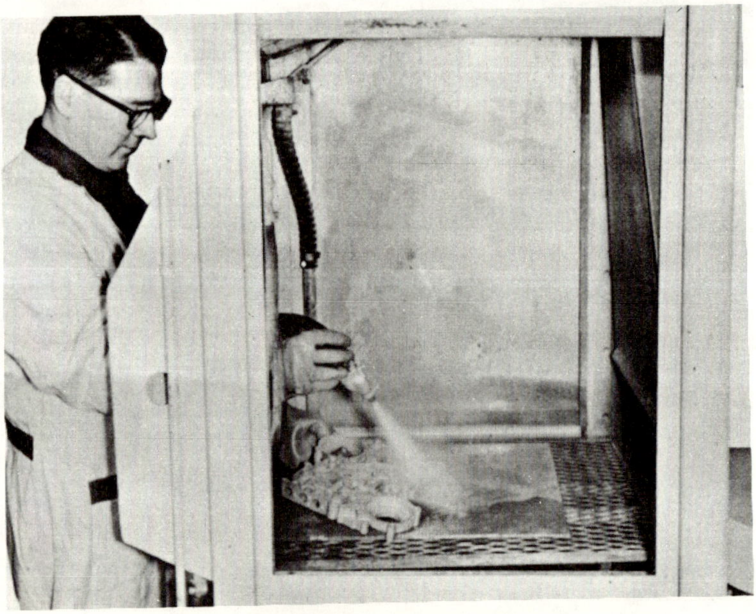

(그림 3-6) 브라스팅 전처리 장치

예를들어 티타늄합금은 할로겐 성분에 의해 접촉시 종종 시효성 균열이 나타나기 때문에 할로겐화 용제는 티타늄과 그 합금들에 대해서는 사용을 하지 않는다.

3) 상내부(傷內部)의 세척

시험품의 표면을 어느정도 세척하여도 시험품내에 존재하는 결함의 내부에 기름, 수분 등이 잔존(殘存)하면 침투액의 침투를 저해하므로 상내부의 세척도 충분히 고려하여야 한다. 특히 가동 중의 부품, 구조물의 검사에서는 부품 및 구조물의 오염의 원인, 정도 등을 고려해서 처리하여야 하고 또 세척처리시에 산이나 알카리 등을 사용한 후, 중화(中和)시킬 세척방법, 시험품을 잘 건조해서 결함의 내부에 수분, 용제 등이 남아있지 않도록 주의하여야 한다.

도표 3-8은 침투탐상검사의 전처리방법을 분류하여 방법, 용도 등을 요약하였다.

〔표 3-8〕 침투탐상검사의 전처리 적용방법

분 류	방 법	용 도
1. 기계적방법 (Mechanical Method)	1) 와이어 브러싱법	• 스케일, 후럭스 또는 스래그 등의 이물질을 와이어브러쉬로 문질러 제거한다.
	2) 고압용수 또는 증기 세척	• 절단유, 연마제, 그리이스, 칩(Chips) 등과 같은 대표적인 기계가공공장의 오물을 제거한다. • 표면가공처리가 유지(維持)되어야 하는 제품에 사용된다.
	3) 초음파 세척법	• 세척제와 물 또는 용제와 함께 사용 • 소형의 다량제품에 묻어있는 오물을 제거
	4) 브라스팅법 (Grit blasting)	• 스케일, 후럭스, 스래그, 금속의 녹, 주강품의 주형(Mold) 등과 같은 이물질을 제거
	5) Tumbling 법	• 얇은 스케일, 용접후럭스, 금속의 녹, 주강품의 주형 등과 같은 이물질을 회전마찰에 의해 제거 • 표면이 연한 알루미늄, 마그네슘, 티타늄과 같은 제질에는 사용하지 말것.
2. 화학적방법 (Chemical Method)	1) 알칼리세척 (Alkaline cleaning)	• 금속의 녹, 스케일, 기름, 그리이스, 연마제 등을 제거 • 수동식으로 어려운 대형품에 사용
	2) 산세척 (Acid cleaning)	• 두꺼운 스케일의 제거에는 강산성용액을, 가벼운 스케일 등의 제거에는 약산성용액을 사용

분 류	방 법	용 도
	3) 염기성세척 (Molten salt bath cleaning)	• 두꺼운 스케일 등의 제거에 사용
3. 용제법 (Solvent Method)	1. Vapor degreasing (증기탈지)	• 대표적인 기계가공 오물, 기름, 그리이스의 제거에 사용 • 티타늄에는 적용하지 않는다.
	2. Solvent wiping (용제)	• 수동형으로 국부적 세척에 적용 • Vapor degreasing의 용도와 동일
	3. Solvent spraying (용제분무)	• 용제를 스프레이로 뿌려서 세척 • Bapor degreasing의 용도와 동일

7-2 침투처리(浸透處理)

7-2-1 침투제의 적용방법

시험품의 표면에 침투액을 적용시킨 후, 존재하는 결함안으로 침투액이 충분하게 침투하도록 하는 과정을 침투처리라 한다.

침투제를 적용하는 방법에는 일반적으로 형광침투제나 염색침투제나 동일하며, 다음의 한가지 방법을 선택, 적용한다.

1) 침적법(Dipping 法)

2) 분무법(Spray 法)

3) 붓으로 칠하는 법(Brushing 法)

또한, 침투제를 적용한 후 여분의 침투액을 배액(排液)처리하는 것도 침투제 적용 과정에 포함되는 사항이므로 침투제 적용방법과 함께 설명하기로 한다.

1) 침적법(Dipping 法)

침적법은 시험품을 침투액 중에 침적시켜 침투처리를 하는 방법으로 가장 안정된 침투처리를 할 수 있다. 이 방법은 일반적으로 형광 침투탐상시험에 널리 적용되고 있지만, 침투액조(槽)에 다량의 침투액을 사용하게 되어, 소형의 다량검사에는 적합하지만, 소수부품과 대형 부품의 검사 및 출장검사에는 부적당하다.

처리의 방법은 시험품전체를 침투액에 침적시키는 것이지만, 침투시간동안 침투액 중에 침적시켜놓을 필요는 없으며, 오히려 그 후의 유화처리 또는 세척처리의 단계를 고려하면 시험면이 침투액으로 충분히 젖은 뒤에는 침투액의 도포두께를 균일하게 하고, 불필요한 침투액을 미리 제거하기 위해서 침투액조에서 시험품을 꺼낸 후, 여분의 침투액을 흘러 내리게 하여 제거 하는 것이 좋다. 이와같은 처리를 배액이라 하며 다음의 처리공정인 유화처리, 세척처리의 효과를 올리기 위해서도 중요한 처리공정이라고 말할 수 있다.

배액(排液)에 관해서는 4)항에서 별도로 설명하기로 한다.

침적법의 경우 침투액을 장기간 사용하게 되면 시험품에 부착되어 있는 이물질(異物質) 또는 사용 중에 혼입되는 먼지, 불순물 등이 침투액 성능을 감소시키므로 이를 방지하기 위하여 세심한 관리를 하여야 한다. 그림 3-7은 소형부품을 바구니 속에 넣어 침투액을 침적법으로 침투시키는 방법을 소개한 것이다.

침적법은 어떠한 침투액에도 적용되지만 휘발성이 높은 침투액에서는 침투액중의 용제가 증발하여 침투액의 특성이 변화하는 어려움이 있으므로 침투액으로 침적법을 적용할 때는 침투액 조(槽) 자체의 밀봉성이 있는 것을 사용하여 증발을 방지할 수 있도록 해야 한다.

(그림 3-7) 침적법에 의한 소형제품의 침투처리

2) 분무법(Spray 法)

분무법은 스프레이노즐(Spray nozzle)을 이용하여 압축공기 또는 에어졸(Airzol) 제품과 같이 내장된 개스 압력에 의해서 침투액을 분사(噴射)하여 시험품의 전체 또는 일부분에 침투액을 도포하는 방법이다. 이 방법은 여러가지 종류의 침투액에 적용할 수 있고 특히 대형 부품 또는 대형구조물의 부분탐상에 가장 적당한 침투처리방법이지만 다량부품 또는 대형부품, 구조물의 전면(全面) 탐상에는 적합하지 않다. 그러나 최근에는 특수한 분무법으로서 정전도장(靜電塗裝) 방식에 의한 침투처리방법을 활용하여 대형부품의 전면탐상에 효과를 올리고 있다.

침투처리에 있어서 침투액의 도포면을 균일하게 하는 것은 다음의 처리 공정인 유화처리(乳化處理), 또는 세척처리를 효과적으로 하기 위해서 필요하며, 이것 때문에 배액처리가 동반되지만, 용제제거성 침투액의 경우는 유화처리 또는 물에 의한 세척처리를 하지 않으므로 배액을 생각하지 않아도 좋다. 분무법에서 특히 주의하지 않으면 안될 사항에 도포효과(塗布效果)가 있다. 침적법 및 다음에 기술되는 붓으로 칠하는 방법(Brushing 法)에서는 시험품

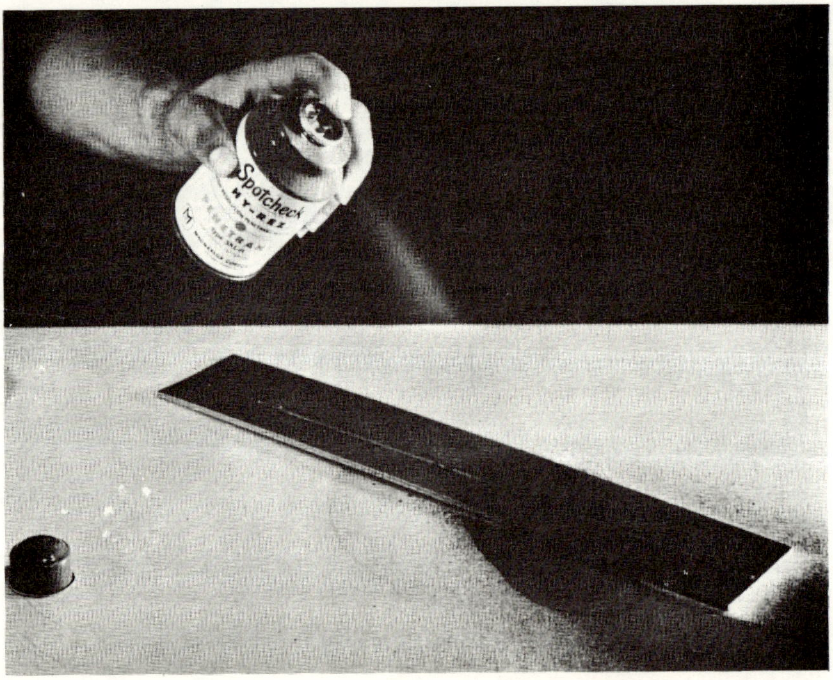

(그림 3-8) 분무법(Spray 법)에 의한 침투처리

에 직접 침투액을 도포하지만 분무법에서는 에어졸 용기내의 개스압(gas 壓)으로 스프레이 노즐의 끝부분으로부터 미세한 입자상 또는 분무상(Mist 狀)으로 침투제가 분사되므로 침투액이 시험면에 도달할 때까지 그 일부가 공기 중에 날려서 소모된다. 따라서 도포효과는 침적법이나 붓으로 칠하는 법과 비교해서 극히 나쁘다. 이것은 단지 침투액을 필요없이 소비할뿐만 아니라 시험을 실시하는 환경이 침투액을 구성하는 유기용제로 오염되어 건강에도 좋지 않다. 따라서 처리 방법으로서는 스프레이노즐의 끝부분을 가급적 시험면에 가까이하여 공기 중에 날아가 소모되는 양을 적게 하거나, 실내를 환기 시키는 연구가 필요하다.

침투탐상검사법 중에서도 가장 광범위하게 활용되고 있는 용제제거성 염색 침투탐상검사법은 거의가 에어졸방식에 의한 것으로서 분무법이 적용된다. 이 경우에 공기 중에 침투액이 날려서 소모되지 않는 효과적인 처리방법을 할 수 있도록 연구하는 것이 중요하다.

3) 붓으로 칠하는 법(Brushing 法)

붓으로 칠하는 법은, 붓 등으로 시험면에 침투액을 도포하는 방법이며, 이 방법은 일반적으로 대형부품 또는 대형구조물의 부분탐상에 가장 적당한 방법으로 활용되고 있지만, 다량 부품 및 대형부품, 구조물 등의 전면탐상에는 적합하지 않다.

붓으로 칠하는 법의 특징으로는 부분탐상하는 시험면에 직접 침투액을 도포하는 것이 용이하다는 것과 분무법과 같이 침투액이 공기 중으로 날리는 것이 없고, 또 침적법과 같이 다량의 침투액을 도포하는 것이 아니어서 도포의 정도를 손으로 조절할 수 있다는 장점을 들 수 있다. 일반적으로 형광침투탐상검사의 부분탐상 또는 부분적인 재시험과 같은 경우에 적용되는 경우가 많지만 밀폐된 용기 또는 환기가 어려운 장소에서의 탐상시험에도 효과적인 침투처리 방법으로 활용할 수 있다.

4) 배 액(Draining)

배액은 침투처리의 다음단계인 유화처리 또는 세척처리를 용이하게 하기위해서 시험품의 표면에 필요 이상으로 도포되어 있는 침투액을 제거하는 처리를 말한다. 통상 침투처리한 시험품을 배액용 작업대 위에 놓고 필요 이상으로 도포된 침투액을 자연적으로 흘러내리게 하여 제거시킨다. 물론 이 배액에 요하는 시간은 침투시간에 포함되므로 배액을 동반하는 침투처리를 행할 때는 배액의 시간을 고려하여 침투 시간을 정해야 한다. 배액의 정도는 침투처리방법 및 시험품의 형상, 크기 또는 시험면의 거칠기 등에 따라 다르지만 중요한 것은 시험품의 침투처리에 충분한 침투액의 도포면을 유지하고, 시험면의 전면이 균일하게 되도록 하는 것이며, 이를 위해서는 어느 정도의 시간이 필요하다. 그러나 배액의 시간이 너무 길면 시험면의 침투액이 건조되어 침투효과가 저하되고 세척처리가 곤란하게 됨으로 주의해야 한다.

또한, 후유화성 침투탐상검사의 경우, 침투액의 도포두께가 유화처리에 영향을 미치고 수세성침투탐상검사의 경우에도 세척처리에 영향을 미친다. 즉, 후유화성 침투탐상의 경우에는 침투액 도포두께의 불균일이 유화처리에 있어서의 불균일을 가져오기 때문에, 세척시 얼룩을 만들어 후유화법의 특징을 살릴 수 없을뿐 아니라, 다량의 침투액이 부착된 상태에서 유화액조 중에 침적하였을 때는, 침투액의 혼입에 의해서 유화제의 성능이 떨어지게 된다. 또, 수세성 침투탐상의 경우에는 침투액의 얼룩이 생기게 하여 부분적으로 과세척 또는 세척부족 현상을 초래하게 된다.

침투처리에 있어서는 배액처리의 공정이 침적법, 분무법, 붓으로 칠하는 법 어느 경우에도 부수절차로서 동반하지만 전술한 바와같이, 특히 후유화성 침투탐상검사 및 수세성 침투탐상검사의 경우에는 그 과정이 다음의 처리 공정에 중대한 영향을 미치므로 이러한 사실을 충분히 유의하여 정확히 처리해야 한다.

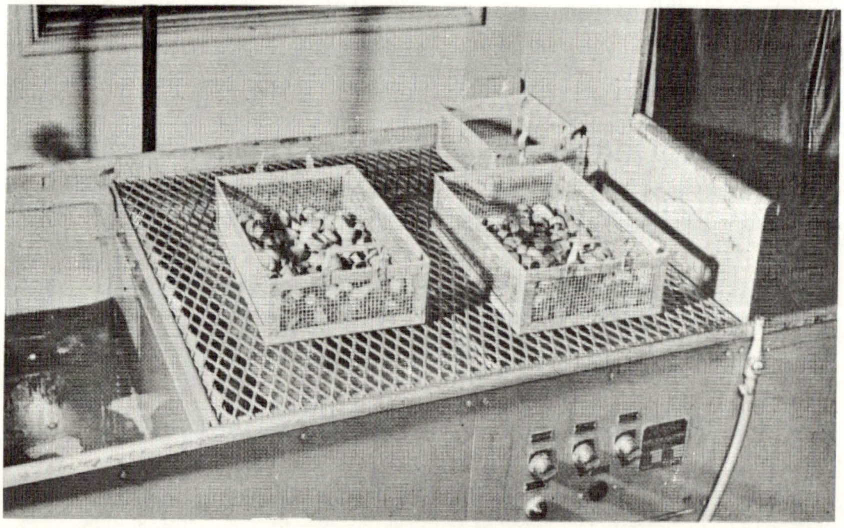

(그림 3-9) 소형제품의 배액처리

그림 3-9는 소형제품을 침적법에 의해 침투액에 담근 후 배액시키는 상태를 보여주는 것이다.

7-2-2 침투제의 침투시간

침투시간은 적용할 침투제의 종류, 시험품의 재질, 예상되는 결함의 종류와 크기 및 시험품과 침투액의 온도 등을 고려해서 선정해야 한다. 일반적으로 시험품과 침투액의 온도가 15~40℃의 범위에서는 침투시간을 5~20분을 기준으로 하나, 특히 폭이 좁은 결함, 예를들어 피로균열, 연마균열 등의 경우에는 기준 침투시간의 2배이상의 시간으로 처리할 필요가 있다. 또한 3~15℃ 온도범위에서는 온도를 고려하여 침투시간을 증가시키고, 40℃를 초과하는 경우 또는 3℃이하의 경우에는 침투액의 종류, 시험품의 온도 등을 고려해서 침투시간을 정해야 한다. 즉, 10℃ 이하의 낮은 온도에서는 침투액의 점성(黏性)이 증가하기 때문에 침투능력이 저하되어 적용시간에 관계없이 결함 탐상감도가 저하되므로 별도의 절차서를 작성, 적용해야 하고 40℃ 이상의 높은 온도에서는 침투제가 증발, 건조되므로 사용상의 제한을 받게 된다. 특히, 기준온도(15℃) 이하의 낮은 온도에서 시험을 해야할 경우에는 침투제를 적용하는 동안 침투제와 시험편이 모두 15℃ 이상을 유지하도록 가열시켜 주는 것이 요구되기도 한다.

침투제 적용후 모세관현상에 의해 침투액이 충분히 침투되도록 허용되는 시간을 침투시간(Penetrating time 또는 Dwell time)이라 하며, 일반적으로 침투제의 제조회사에서는 침투제의 종류에 따라 침투시간 적용표를 제시하여 사용할 수 있도록 준비한다. 만약 침투제가 흘러내려 표면이 건조될 염려가 있는 경우에는, 침투제를 추가 적용시켜 침투 시간동안 충분히 젖어있는 상태가 유지되도록 해야하고, 침투시간내에 표면이 건조된 경우에는 표면을 세척처리한 후 처음부터 다시 시험을 행하여야 한다. 표 3-9는 ASTM-E-165 Table 2에 명시된 침투시간 적용기준표이며, 이때 온도범위는 16~32℃(60~90℉)이다.

7-2-3 침투제의 특수요구조건

ASME Code Sec. V, Article 24에 의하면 침투제를 적용시 다음의 두 가지 특수요건이 명시되어 있다.

1) 유황과 염화물, 불화물의 함량

오스테나이트 스테인레스강, 티타늄 또는 니켈 합금의 재료를 탐상검사시 사용되는 침투제는 염화물/불화물 이온함량에 제한을 두는 것이 필요하다. 즉 염화물(Chlorine)과 불화물(Fluorine)의 총함량과 유황(Sulfur) 함량이 고려되어야 한다.

만약 이러한 요구사항이 있을 경우에는 샘플링 기법, 시험분석방법 및 한계치를 주문주와 합의하에 정해야 한다. 이러한 특수요구조건이 없는 경우에는 오스테나이트 스테인레스강 또는 티타늄에 적용되는 염화물(Chlorine)의 함량은 1%를 초과해서는 안된다.

또한 유황의 경우에도 특수요구조건이 없는 경우에는 높은 온도에서 니켈 합금에 적용되는 유황의 함량이 1%를 초과해서는 안된다.

2) 시험절차의 인증(Qualification of Procedures)

시험을 하는 동안 높은 온도를 유지해야 하는 부품을 침투탐상 검사시에는 특수재료와 검사기법이 요구될 수 있다. 이러한 검사는 Article 24의 8.1항에 의거한 절차의 인증이 요구되며, 침투제 제조업자의 추천을 준수하여야 한다.

〔표 3-9〕 수세법 및 후유화제법의 침투시간 도포

(ASTM-E-165 Table 2, 온도범위 16-32℃)

재 질	제품형태	결함의 종류	침투 시간	
			후유화제법	수세법
A1	주 강 품	Shrinkage cracks	10 분	5-15 분
		Porosity	5	5-15
		Cold shut	5	5-15
	단 조 품	Cracks	10	15-30
		Laps	5-15	30
	용 접 품	Cracks	10	30
		Lack of bond	5	30
		Porosity	5	30
	전 제 품	Fatigue cracks	10	30
Mg	주 강 품	Shrinkage cracks	10	15
		Porosity	5	15
		Cold shut	5	15
	단 조 품	Cracks	10	30
		Laps	5-15	30
	용 접 품	Cracks	10	30
		Lack of bond	10	30
		Porosity	10	30
	전 제 품	Fatigue cracks	10	30
Stainless Steel	주 강 품	Shrinkage cracks	20	30
		Porosity	10	30
		Clod shut	10	30
	단 조 품	Cracks	20	60
		Laps	10-30	60
	용 접 품	Cracks	20	60
		Lack of bond	20	60
		Porosity	20	60
	전 제 품	Fatigue cracks	20	30

재 질	제품형태	결함의 종류	침 투 시 간	
			후유화제법	수세법
Brass & Bronze	주 강 품	Cracks	10	20
		Porosity	5	10
		Cold shut	5	10
	단 조 품	Cracks	10	20
		Laps	5–15	30
	Brazed Part	Cracks	10	10
		Lack of bond	10	15
		Porosity	10	15
Plastics	전 제 품	Cracks	2	5–30
glass	〃	〃	5	5–30
Carbide Tip으로 된 tool	Brazed Joints Tips	Porosity	5	30
		Lacks of bond	5	30
		Cracks	10	10
Ti	전 제 품	모든 결함	15	

〔비고〕 ※ 1. 용제법의 침투시간은 수세법의 침투시간과 같다.

2. 시험품의 온도는 일반적으로 15°~40℃ 이다.

〔참고〕 TABLE 2 Recommended Dwell Times(ASTM E 165-80)

Material	Form	Type of Discontinuity	Dwell Times(in minutes) for Methods A-1, A-2, A-3, B-1, B-2, B-3[a b]	
			Penetrant[c]	Developer[d]
Aluminum, magnesium, steel, brass and bronze, titanium and high-temperature alloys	cast-castings and welds	cold shuts, porosity, lack of fusion, cracks(all forms)	5	7
	wrought-extrusions, forgings, plate	laps, cracks(all forms)	10	7
Carbide-tipped tools		lack of fusion, porosity, cracks	5	7
Plastic	all forms	cracks	5	7
Glass	all forms	cracks	5	7
Ceramic	all forms	cracks, porosity	5	7

[a] For temperature range from 60 to 125℉(15 to 50℃)
[b] All dwell times given are recommended minimums
[c] Maximum penetrant dwell time 60 min. in accordance with 6.4.3
[d] Development time begins directly after application of dry developer and as soon as wet developer coating has dried on surface of parts(recommended minimum)

7-3 유화처리(乳化處理)

7-3-1 유화처리의 목적

유화처리(乳化處理)는 후유화성 침투탐상시험에 사용되는 침투액, 또는 수세성 침투액과 같이 수세성을 갖도록 하기위해 미리 유화제를 포함한 침투액과는 다른, 유화제를 포함하지 않은 침투액을 시험면에 침투처리하고 소정의 침투시간이 경과한 후 수세성을 주기위해 유화제를 도포처리하는 과정을 말한다. 즉, 유화처리를 행하므로 세척처리를 할 때 안정된 유화현상을 촉진해서 물로 세척하기 용이하도록 하는 것이다. 따라서 유화처리를 할 때는 시험품 표면의 침투액에 유화제를 적용시키고, 존재하는 결함안의 침투액과 유화제가 작용하지 않도록 처리해야만 세척처리시 시험품 표면의 과잉 침투액을 잘 제거할 수 있으며, 결함내의 침투액이 모두 제거되는 것이 아니기 때문에 일반적으로 말해서 지나친 세척이 되기 쉬운 얕은 결함 또는 폭이 넓은 결함 등을 정확하게 검출할 수 있는 특성을 갖는 방법이라고 생각할 수 있다.

7-3-2 유화처리방법

유화처리 방법은 시험품을 유화제 중에 침적하던가 또는 유화제를 시험면에 잘 뿌려주는 방법으로 적용한다. 붓으로 칠해서 적용하거나 유화제를 적용 후 유화제와 침투제가 잘 혼합하도록 하기위해 휘저어 섞는 등의 일은 절대로 해서는 안된다. 붓으로 칠하거나 휘저어 섞거나 하는 것은 유화제와 침투액의 혼합이 오히려 불균일하게 되므로 결함내의 침투액에까지 유화제가 작용해서 후유화성 침투탐상시험의 특성을 잃게 하며, 이 시험법을 선택한 것이 무의미하게 된다. 또한 침투처리에서의 침투액 도막면을 균일하게 하는 것과 같이 유화처리에서도 유화제를 균일하게 적용하도록 주의하여야 한다. 그래서 유화제의 처리가감(處理加減)이 어느정도 인가를 알기 쉽게 하기위해 일반적으로 시판되고 있는 유화제는 침투액과 색채(色彩)의 차이가 있도록 만들어져 있다.

7-3-3 유화시간

유화제를 적용해서부터 다음의 세척처리까지 시간을 유화시간(乳化時間)이라 하며, 유화시간의 장단(長短)은 유화제의 침투액 작용을 좌우하고 세척효과에 크게 영향을 미친다. 이것은 침투액, 유화제의 도막 얼룩과 병행해서, 후유화성 침투탐상검사의 신뢰성을 확보하는 요인이 된다.

보통 유화시간은 10초부터 3분정도의 폭이 있지만, 이것은 제조 회사의 제품 특성에 따르는 것으로 유화시간은 간단히 결정하기가 곤란하다. 또 유화시간은 유화제를 사용하는 곳에 따라 특성이 변하기 때문에 사용빈도에 따라 유화시간을 적당히 길게할 필요가 있다.

그림 3-10(A)에 나타난 것과 같이 유화시간이 짧은 때는, 시험면의 침투액의 일부밖에 유화제가 작용하지 않았기 때문에, 이대로 세척처리할 때는 유화제가 작용하지 않은 부분의 세척성이 나쁘고, 세척처리 후는 시험면에 과잉의 침투액이 남아 있어 결함지시모양과의 식별성을 저하시킨다.

반대로, 그림 3-10(B)에 나타난 것과 같이 유화시간이 길어지면, 결함내의 침투액까지 유화제가 작용하기 때문에 이것을 세척하면 결함내의 침투액까지 세척되기 쉬우므로 과세척을 일으켜 결함검출도를 저하시키는 원인이 된다. 그림 3-10(C)는 표준적인 유화시간으로 처리한 상황을 나타낸 것으로, 이 경우는 웬만큼 대담하게 세척처리를 해도 과세척이 되지않고, 시험면의 과잉 침투액을 효과적으로 제거할 수 있기 때문에 식별성을 높일수가 있어, 감도가 높은 침투탐상검사를 실시할 수 있다. 표준적인 유화처리란 적정한 침투처리 직후 유화처리를 침적법 또는 분무법에 의해 시행하고, 유화시간을 정확하게 지키고 불필요한 유화제의 적용을 피하기 위해 배액을 시행하면 좋다. 물론 유화시간이 경과한 후 즉시 세척처리를 신속하게 하지 않으면 유화처리의 효과가 감소된다. 유화제 특성에 따라서는 침투액과의 작용을 억제할 목적으로 소정의 유화시간이 경과한 후 물에 침적시켜 유화정지조작을 행하는 방법도 있다. 비교적 대형 부품의 탐상처리에서는 유화제의 작용이 균일성을 갖는 의미로서 효과를 올리고 있으나 이 유화정지처리는 유화제 특성을 충분히 파악한 후에 하지 않으면 효과를 얻을 수 없다.

이상과 같이 후유화성 침투탐상검사의 유화처리에 대해 기술하였으나, 이 탐상시험에서는 유화제의 특성이 시험의 신뢰성에 많은 관계가 있기 때문에 사용할 유화제의 특성과 함께 사용 중의 변화를 충분히 파악해서 그것에 대응한 정확한 처리가 필요하다.

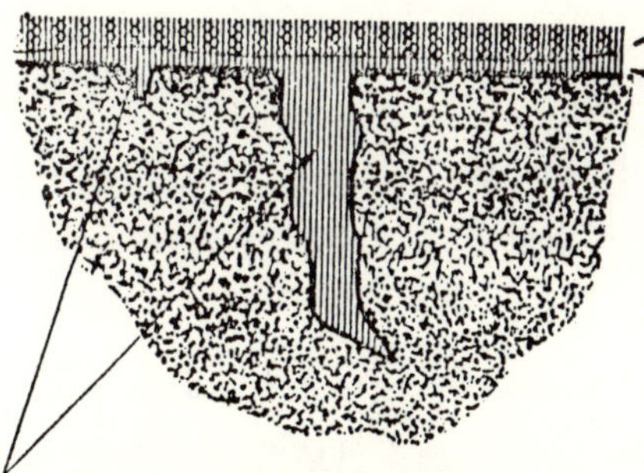

(a) 나쁜예 : 유화시간이 짧은 경우

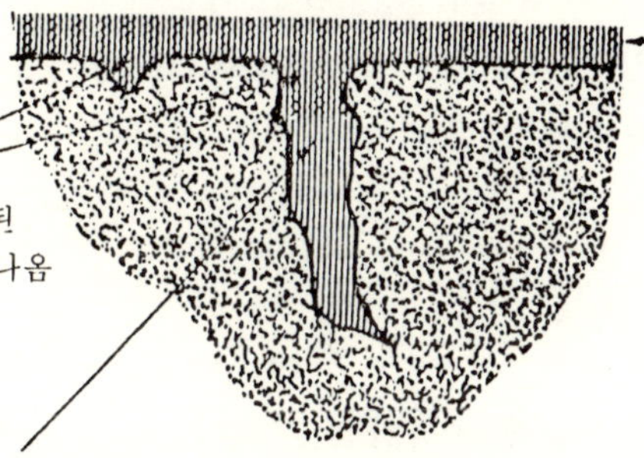

(b) 나쁜예 : 유화시간이 길거나, 유화제를 붓으로 칠한 경우

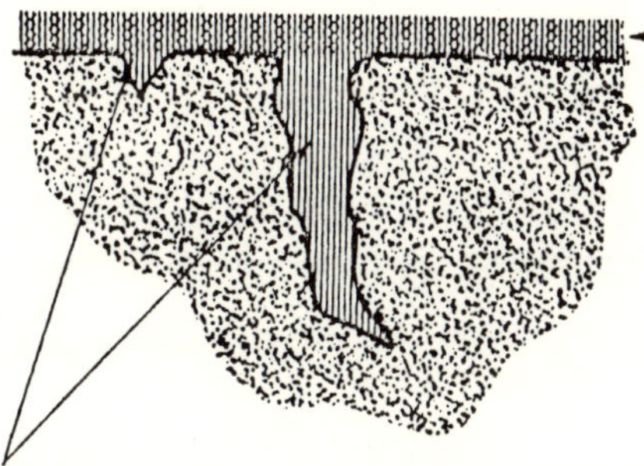

(c) 좋은예 : 유화시간이 적정한 경우

(그림 3-10) 유화처리의 좋은 예 및 나쁜 예

7–4 세척처리(洗滌處理)

세척처리란 물 또는 용제를 사용해서 결함의 내부에 침투되어 있는 침투액 이외의 시험면의 과잉침투액을 제거하는 처리를 말한다. 따라서 수세성 침투액 및 후유화성 침투액을 사용한 시험방법에는 수세척을, 용제제거성 침투액을 사용한 탐상시험에서는 용제세척을 행한다.

세척처리에서는 결함내의 침투액을 씻어내지 않도록 하고, 시험품 표면의 과잉의 침투액만을 세척하기 위해 필요한 최소한도의 세척을 한다.

관찰시에는 결함에 의한 지시모양과 그 이외의 시험면에 남아있는 침투액에 의한 배경의 식별성을 얻을 수 있는 정도의 세척을 행할 필요가 있다.

그러기 위해 세척처리는 침투탐상검사의 각 처리순서 중에서도 가장 경험이 요구되는 작업으로, 처리의 양부(良否)는 시험결과에 큰 영향을 준다. 과도한 세척은 결함내의 침투액을 씻어내서 결함의 검출도를 저하시키며, 또 세척이 충분하지 못하면 시험면에 남아있는 침투액이 의사지시모양 또는 강한 배경(Back ground)을 형성해서 결함에 의한 지시모양과의 식별을 저하시켜, 이 경우도 결함검출도를 저하시킨다. 특히 세척처리에서 나사부 또는 Key부, 표면조도가 거칠은 면, 복잡한 형상의 경우는 세척시 신중한 처리가 필요하다.

그림 3–11은 세척방법에 따른 세척효과를 비교한 것으로, 헝겊으로 닦아내는 방법이 결함내의 침투액이 과도하게 세척되지 않는 가장 이상적인 세척방법임을 보여준다.

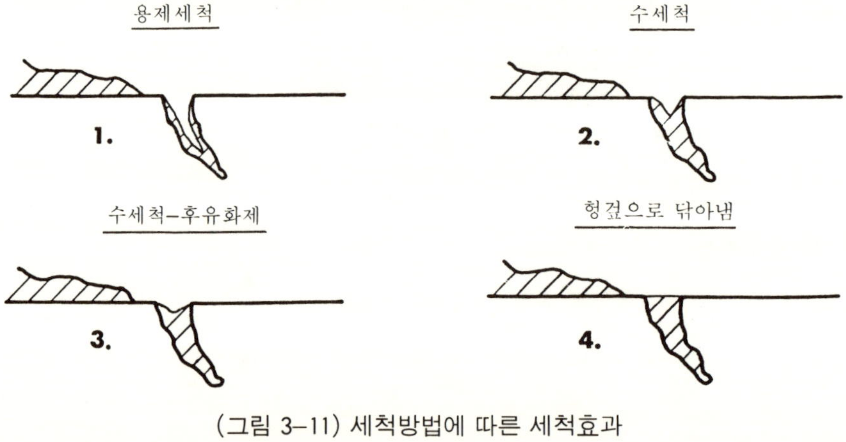

(그림 3–11) 세척방법에 따른 세척효과

7-4-1 수세척(水洗滌)

수세척은 수세성 침투액 및 후유화성 경우에 사용되는 세척처리로, 이 세척방법은 수도의 수압(水壓) 또는 가압장치에 의한 압력이 가해진 세척수가 분무노즐을 통해 시험면에 분사되어 세척하는 것으로, 효과적으로 세척하기 위해서는 침투액을 물방울에 의해 교반하여 유화현상을 일으키게 할 필요가 있다.

수압의 표준은 K.S에 명시되어 있듯이 3.5kgf / cm²(340kPa) 이하가 요구되며, 시험품에 45°로 경사지게 분무하고, 특별하게 규정되어 있지 않는 경우는 일반적으로 1.5~3.0kgf / cm²의 범위에서 처리하는 것이 적당하다.(ASTM E-165에서는 50psi(345kPa)를 초과하지 말아야 하며 평균적으로 30psi(205kPa)를 적용한다.)

또한 이때 물의 온도는 32~45℃(90~110℉)의 온수가 가장 좋으며, 가능하면 냉수보다 온수를 사용하고(ASTM E-165에서는 16~43℃(60~110℉)를 적용함) 이때 온도는 45℃를 초과하지 말아야 한다. 후유화성 침투액의 경우 이상적으로 유화처리가 되었다고 한다면 고압의 물로 세척하는 방법도 효과가 높다.

세척방법이라 하는 것은 처리할 부품의 형상, 크기 및 수량에 따라 적당한 방법을 선정하여야 하나, 한번에 처리할 수량이 많은 경우이건, 단체의 경우이건 세척의 절차가 세척효과를 좌우한다.

(그림 3-12) 수세척(분무법)

일반적으로 세척의 순서에서는, 구멍이나 복잡한 형상의 부품 등은 표면 거칠기가 거친 부분부터 세척을 시작하고 다음에 단순한 형상의 부분으로 이동하는 것이 필요하지만, 전체적으로 고른 세척을 행하는 순서가 가장 무난한 세척방법이라 말할 수 있다.

또, 세척시 가능한 불필요한 시간이 걸리지 않고 단시간에 손을 대서 빨리 모든 시험면을 세척하는 것이 필요하고, 세척을 시작한후 중단하지 않도록 하여야 한다. 이런점은 특히 대형부품의 세척처리시에 주의해야할 사항인 것이다. 또 수도가 없어 흐르는 물, 스프레이에 의해 세척을 할 수 없을 때는 물과 헝겊으로 제거하는 것이 좋다.

이 경우에는 물통에 물을 준비한 후, 헝겊을 사용해서 침투액의 대부분을 제거하고, 다음에 물에 적신 깨끗한 헝겊으로 나머지 침투액을 딲아내면 비교적 간단하게 세척할 수가 있다.

그러나 후유화성 침투액의 경우는 사용할 수 없고, 분무법으로 세척하는 것이 좋다. 또, 세척처리에서는 그 과정에서 세척의 정도를 확인하는 것이 적정 세척처리와 관계된다. 즉, 염색침투액의 경우는 곤란하지만, 형광침투액의 경우는 세척장치 상부에 자외선 조사장치를 설치하여 자외선을 조사시키면 세척상태의 정도를 정확하게 확인을 하기 때문에 처리할 수가 있다.

7-4-2 용제세척(Solvent cleaning)

용제세척은 용제제거성 침투액의 경우에 행하는 세척처리이며, 이 세척방식은 에어졸제품의 세척액 또는 보통의 용기에 담겨있는 세척액으로 적신헝겊 또는 종이수건을 사용해서 시험면의 침투액을 문질러 딲아내는 간단한 방법으로, 그 세척효과를 높인다.

용제세척에 사용되는 세척액은 침투성도 높기 때문에 다량으로 사용하면 결함내에도 침투하여 결함내의 침투액을 씻어낼 수 있는 염려가 있기 때문에 주의해야 한다. 에어졸 제품의 세척액을 시험면에 직접 분무해서 세척처리를 행하는 장면을 자주 볼 수 있지만, 이러한 세척처리에서는 과세척이 되기 쉽기 때문에 특별한 경우를 제외하고는 사용하지 않는 것이 좋다.

표준적인 세척방법은 우선 마른헝겊 또는 종이수건 등으로 시험면의 과잉침투액을 닦아내고, 다음에 세척액으로 적신 헝겊으로 나머지 침투액을 닦아 내는 것이다. 이 방법은 과세척을 막고 결함의 검출도를 높이는 방법으로 가장 좋다.

그러나, 표면이 균일한 시험품의 경우에는 세척액을 사용하지 않아도 충분히 과잉의 침투액을 제거할 수가 있다.

앞에서도 말했듯이 세척처리에서는 꼭 완전하게 과잉 침투액을 제거해야 할 필요가 없이, 결함지시모양이 식별될 수 있는 정도의 세척처리를 행해도 좋으므로, 과세척이 되는 것보다는 다소의 배경을 남기더라도 결함의 검출도를 저하시키지 않는 처리가 이상적이다.

표면거칠기가 거친 형상등에 의해 헝겊으로 닦아내기 곤란한 경우는, 직접 시험면에 세척액을 뿌려서 세척할 수도 있지만, 이런경우에는 분사압력을 약하게 하여 뿌려주고, 바로 헝겊이나 종이수건 등으로 닦아 주도록 한다. 결함내에 세척액이 스며드는 경우는 과세척을 일으키지 않더라도, 침투액을 희석시키기 때문에 이것에 의해 결함지시는 형광침투액에서는 형광밝기가 저하되고 염색침투액에서는 색이 엷어져서 본래의 색채를 얻을 수 없다.

또, 세척액 및 현상제의 특성에 따라서는 현상처리 후 지시모양이 스며 퍼지기 쉬워져서 선명한 지시모양을 얻을 수 없다. 표준적인 세척처리를 행한 때는, 사용한 세척액의 량이 적고, 세척액 자체 휘발성이 높기 때문에 세척처리 후의 건조처리는 특별히 행하지 않아도 좋다.

또한, 용제세척에 대해서 세척의 정도는 형광침투액의 경우 자외선에 의해서 확인할 수 있고, 염색침투액의 경우는 세척에 사용한 헝겊에 묻어있는 침투액의 색의 정도로 확인할 수 있다.

7-5 현상처리(現像處理)

세척처리가 끝이난 시험품의 표면에 백색 미분말의 현상제를 도포하여 현상제의 입자간(粒子間) 모세관 현상에 의해서 결함 내부의 침투액을 시험표면으로 흡출(吸出)시켜 지시모양을 형성하는 처리를 현상처리라 하고 현상처리를 하는 목적에는 다음의 2가지가 있다.

1) 시험면에 적용한 현상제의 미분말중에 결함의 내부에 침투액을 흡출하여, 결함의 크기보다 확대시킨 지시모양을 만들어 결함의 식별성(識別性)을 높인다.
2) 염색침투탐상시험의 경우는 1)항의 이유 이외에 시험면에 백색의 현상제의 도포면을 만들어 결함에 의해 형성된 지시모양의 색채의 차(差)를 크게 하여 식별성을 높이기 위한 배경을 만든다.

현상처리는 이미 전술했듯이 건식 현상법, 습식 현상법, 속건식 현상법, 무현상법의 4가지 방법이 있으며, 어느 방법이던 수세척으로 세척처리를 한 경우는, 건조처리에 차이가 있다. 또 현상제를 적용하고부터 시간이 경과함에 따라 지시 모양의 형상이 변화하지만, 이 현상은 특히 습식 현상법, 속건식 현상법의 경우에, 미세한 결함 및 인접한 결함들을 관찰, 판정할 때에는, 현상시간의 설정이 결함 판별에 매우 중요한 조건이 된다.

다시말하면, 현상시간이 짧을 때는 명료한 지시모양을 얻지만, 현상시간이 길 때에는 지시모양의 결함이 원래 크기로보다 상당히 확대되어, 미세한 결함 및 인접한 미세결함을 각각 식별하기가 곤란하다. 고로 현상시간은 현상제를 적용하고 나서 관찰을 끝마칠 때까지의 시간으로 정의하고, K.S 에서는 15~50℃ 범위에서 7분을 기준으로 규정하고 있지만, 일반적으로는 침투시간의 1/2 또는 10분 중 어느쪽이던 긴쪽의 시간을 적용하고, 미세한 결함 또는 큰 결함을 검출할 때에는 그 실태에 따라서 현상시간을 설정한다.

7-5-1 건식 현상법

건식 현상법은 매우 비중이 작은 백색의 미분말의 건식 현상제를 그대로 적용하는 방법으로, 현상처리를 수행하기전에 건조처리가 필요하다. 시험품의 표면에 수분이 잔류하고 있으면 그 부분에 현상제가 부착하여 현상처리를 할 수 없다. 또 이 경우 건조처리는 결함내에 침투되어 있는 침투액을 시험면에 진출시켜 건식 현상제가 결함에 부착 되도록 도와주는 효과가 있다.

건식 현상법의 특징은 현상제가 결함 부위에 부착하기 위해 시간이 경과하여도 지시 모양의 확대가 적고, 결함 지시 모양이 선명하기 때문에, 결함의 크기 및 근접한 결함 등의 판정이 용이하다. 또, 이 현상법은 시험 종료 후 현상제를 제거하기 쉬운 이점도 갖고 있다.

그러나, 이 현상법은 비중이 낮고 매우 미세한 입자의 현상제를 사용하기 때문에 적용방법에 따라서, 작업장소에 분말이 날아다녀 인체에 흡수되기 쉬우므로 적절한 방진대책을 실시할 필요가 있다.

건식 현상법은 형광침투탐상검사에는 적용되지만, 염색침투탐상검사에는 적용하지 않는다.

7-5-2 습식 현상법

습식 현상법은 습식 현상용의 백색 미분말을 물에 현탁한 습식 현상제를 사용하는 방법이다. 습식 현상법으로 현상처리를 수행할 때는 시험면의 과잉 침투액을 세척처리한 직후 현상제에 침적 또는 분무법 등으로 처리한다. 처리방법 중에는 침적법이 가장 일반적인 방법이지만, 어느 경우에라도, 처리하기전에 현상제의

(그림 3-13) 습식 현상법(침적법)

농도를 일정하게 하기 위해 혼합하고, 현상제의 도포면이 균일하게 되도록 처리해야 한다. 균일한 도포면이 형성되면, 즉시 건조로 또는 온풍건조기를 사용해서 건조시킨다. 도포면의 양부(良否)는 현상제의 적용방법뿐 아니라, 시험면의 형상에 의해서도 상당히 영향을 받는다. 특히 표면의 요철(凹凸)이 심한 시험품에서는 부분적으로 현상제가 고이지 않도록 주의해야 한다.

습식 현상법은 소형 다량 부품에 적합한 현상법으로, 이 경우의 시험품을 바구니 등에 아무렇게나 담으면 현상얼룩을 만드는 원인이 되므로, 부품을 적절히 배열해서 처리하도록 특수한 바구니를 사용하면 효과적이다. 또, 습식 현상법에서 특히 주의할 사항은 현상제의 농도가, 새로운 액으로 현탁할 때도 물론 적절한 농도로 조합해야 하지만, 사용 중에 있어서도 수시로 농도를 점검하고 적정 농도로 현탁된 현상제로 처리하는 것이다.

7-5-3 속건식 현상법

속건식 현상법은 백색 미분말의 현상제를 휘발성이 높은 유기용제로 현탁한 속건식 현상제를 사용하는 방법이다. 속건식 현상법은 분무법, 침적법 등에 의한 처리방법이 적용되지만 일반적으로 에어졸 제품의 현상제가 널리 사용되고 있고 이 에어졸 제품에 의한 분무법이 가장 적당한 방법이라고 할 수 있다.

속건식 현상법에 사용되고 있는 용제는 매우 휘발성이 높기 때문에, 현상제를 적용하면 그 용제가 시험면을 적신 후에 즉시 건조되어 결함 중에 침투된 침투액의 흡출 작용이 빠르고, 현상작용을 촉진시키는 특성을 갖고 있어, 다른 현상법과 비교해서 결함검출 농도가 높다.

에어졸 제품에 의한 분무법의 경우, 일반적으로 도포면의 두께가 균일하지 않은 경우가 많은데, 이것은 에어졸에 의한 분사압력이 높은 것이 원인이 되고 있으므로, 표준적인 방법으로는 상온에서 분무할 경우, 스프레이 노즐을 시험면으로부터 30 ㎝ 전후의 거리에서 용기를 전후 좌우로 이동시켜 분무하고, 현상제의 도막이 형성되는 동시에 시험면에 도달한 용제가 조속히 건조되도록 처리하는 것이 좋다.

이때 현상제 도막두께의 정도는 염색침투액과 형광침투액과는 다소 차이가 있으며, 염색침투액의 경우는 시험면의 바닥색이 약간 보일정도로 도포하고, 형광침투액의 경우는 시험면의 바닥색이 확실히 투과해서 보일 정도로 즉, 염색 침투액보다는 얇게 도포하는 것이 좋다.

(그림 3-14) 속건식 현상법(분무법)

어떤 경우라도 적절하게 처리한 때에는 도포면에 얼룩이 없는 현상제의 입상성(粒狀性)이 눈으로 보이도록 부드러운면을 형성하기 때문에, 처리의 잘잘못을 확인할 수 있다.

나쁜 예를 말하면, 먼저 스프레이 노즐과 시험면과의 거리가 근접된 경우로 이때는 도포면이 두껍게 되고 얼룩이 져서 건조하는데도 시간이 걸린다. 또 도포면이 거칠은 경우 또는 도포 두께가 얇은 경우는 결함내의 침투액을 흡출하는 작용이 저하되고 정확한 지시모양을 얻을 수 없거나, 색체 명암도를 얻을 수 없다.

침적법에 의한 현상처리에서는 습식 현상법과 동일하여, 도포면이 균일하게 되도록 주의하는 것이 좋지만, 특히 침적법의 경우에는 현상제 중에 용제 자체의 침투성이 높기 때문에 결함의 내부에 침투되는 것을 고려할 수 있어 좋은 결과를 얻기가 상당히 어려우므로 특별한 경우를 제외하고는 이 방법을 적용하지 않도록 한다.

기타 현상제의 농도가 결함을 검출하는 성능에 영향을 미치므로 규정 농도의 현상제를 사용함과 함께, 사용전에 잘 흔들어서 혼합되도록 하여야 한다.

에어졸 제품에는 혼합을 위해, 용기내에 유리구슬이 들어있어, 흔들 때에 구슬소리가 잘 들릴 때까지 충분히 흔들어 주도록 한다.

7-5-4 무현상법(無現像法)

현상제를 사용하지 않고 지시모양을 형성시키는 방법으로, 현상제를 사용한 현상처리를 수행하지 않기 때문에 무현상법이라 한다.

무현상법은 종래 특수한 침투탐상검사에만 적용 되었지만, 최근에는 수세성 형광침투액으로도 감도가 높은 것이 제품화되어 높은 감도가 요구되는 침투탐상검사에 사용되고 있다.

무현상법은 세척처리 후 열풍건조에 의해 시험품의 결함내의 침투액이 팽창해서 시험품 표면으로 표출(表出)시켜 지시모양을 형성하기 위해 건조를 시키는 것이다.

무현상법의 지시모양은 현상법을 적용하는 경우에 비해 선명한 지시모양을 나타내지 못하고, 결함의 검출도가 낮기 때문에, 상황에 따라서 국부적 또는 전면적에 현상법이 적용될 수 있는가를 확인한 후 현상법의 준비를 하는 것이 좋다.

이 방법은 침투액의 성능과 함께 시험품의 형상, 검출되는 결함의 형태 등을 충분히 고려해서 적용하도록 하며, 일반적으로 시험품의 표면이 비교적 매끄럽고, 단순한 형상의 시험품에 적용하는 경우가 많다.

7–6 건조처리(乾燥處理)

건조처리(乾燥處理)는 세척처리를 행한 후 현상처리전 또는 후에 시험면에 남아있는 세척액 또는 습식현상제의 수분을 효과적으로 건조하여 처리하는 것을 말하지만, 건조처리의 여부 및 적용의 시기는 세척처리방법과 적용하는 현상법에 따라 다르다.

여기서 세척처리 및 현상법의 차이에 따른 건조처리 여부와 적용시기를 나타내면 다음과 같다.

현 상 법	세척방법 및 적용시기	
	수세법의 경우	용제세척의 경우
건식현상법	세척 처리후 건조	건조 처리하지 않는다.
습식현상법	현상 처리후 건조	현상 처리후 건조
속건식현상법	세척 처리후 건조	건조 처리하지 않는다.
무 현 상 법	세척 처리후 건조	건조 처리하지 않는다.

건조처리에 있어서 특히 주의해야 할 것은 건조온도와 건조시간이다. 고온에서 건조하거나 장시간 건조시키면 침투액의 특성중 형광 밝기 및 색채(色彩)가 둔화되거나, 결함내의 침투액을 급속하게 증발시키기 때문에, 지시모양의 식별도를 저하시키기도 하며, 지시모양의 형성을 저하시켜 결과적으로는 결함의 검출능력을 저하시키게 된다. 특히 최근 적용하기 시작한 고감도 수세성 형광침투액에서는 80℃ 전후의 온도에서 형광 밝기의 저하를 나타낼 수가 있으므로, 건조처리를 행할 때는 사용할 침투액의 특성을 고려해서 지정된 조건에서 효과적으로 건조처리를 행하여야 한다.

물론, 시험면이 건조된 후에는 바로 건조기로부터 시험품을 꺼내어 처리를 완료하여야 한다. 습식 현상법을 적용하는 경우의 건조처리는 습식 현상제의 수분을 제거하고, 시험면에 균일한 두께의 현상제 도막면을 형성하도록 한다. 이때 건조온도는 K.S에서는 최고 52℃로 규정하고 있다. 건식 현상법 또는 속건식 현상법을 적용할 경우의 건조처리는, 현상처리전에 수세척에 의한 시험품의 표면에 남

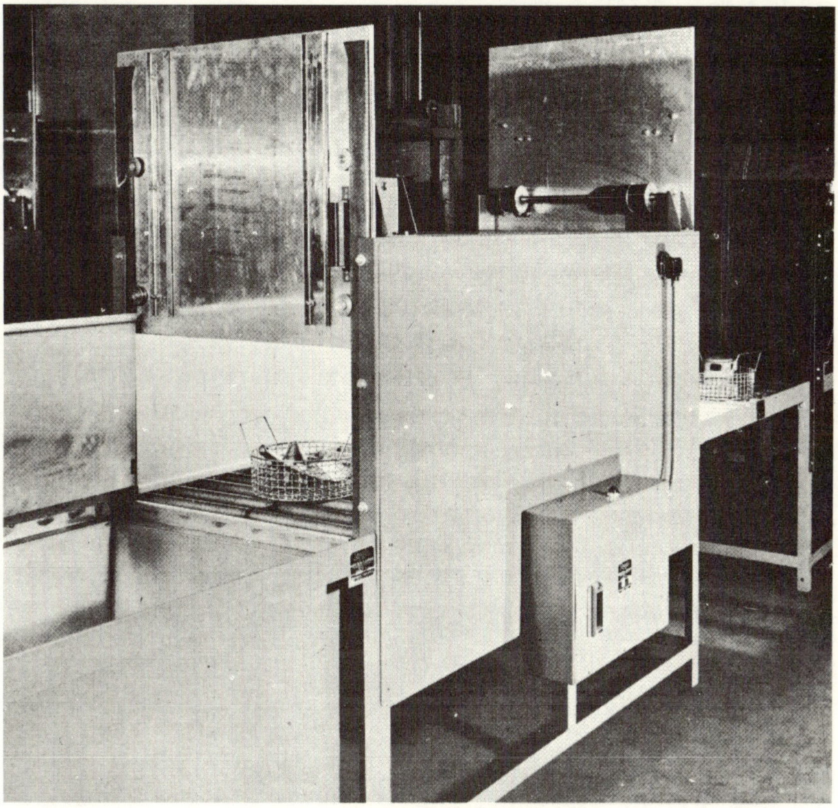

(그림 3-15) 순환식 열풍 건조기

아있는 수분을 제거하는 것이 목적이므로 이 때의 건조온도는 습식 현상법의 경우에 준해서 적용하고 있다.

그러나, 시험품의 재료두께가 얇은 것은 결함내의 침투액이 증발하기 쉬우므로 건조온도를 낮게 할 필요가 있다.

용제세척액으로 세척한 경우는 세척제 자체 휘발성이 높기 때문에 세척처리 과정에서 잘 닦아주면 특별히 건조처리를 필요로 하지 않지만, 그래도 건조를 해야 할 때는 자연건조를 행하고, 가열건조를 하지 않는다.

건조처리 방법으로는 용제세척이외의 경우, 순환식 열풍 건조기로 건조할 수 있지만, 자동온도조정이 가능한 장치를 사용하는 것이 가장 이상적인 방법이다. 이것은 일정의 온도에서 균일하게 가열할 수 있지만, 전열식이나 적외선의 경우는 국부적으로 가열해서 균일성이 없으므로 좋지 못하다. 또, 자동온도조정은 정해진 온도 이상으로 가열되는 것을 막기 때문에 필요하다.

7-7 관찰(觀察)

정해진 현상시간이 경과하면 즉시 결함지시모양이 있는가를 확인하여야 한다. 이 결함지시모양을 확인하는 것을 관찰이라고 하며, 관찰하는 것은 결함지시모양을 검출하고 그것에 의해 등급분류를 행하며, 결함을 평가하고 최종적으로 제품의 합부판정을 하는 중요한 공정이기 때문에 정확한 관찰을 하는 것이 요구된다.

침투탐상검사에서는 현상처리에 따라 지시 모양이 형성되는 과정에서 시간의 경과와 함께 지시모양이 변하기 때문에 정확한 관찰의 방법으로는 현상처리 후 결함에 의해 지시모양이 나타나기 시작하는 시점에서 관찰을 시작, 소정의 현상시간이 경과한 후 즉시 최종적인 관찰을 완료하는 것이 좋다. 따라서 현상시간을 엄수하고 그 사이 적합하게 관찰하는 것이 정확한 결함의 평가에 관계된다.

특히, 습식 현상법, 건식 현상법을 적용한 경우의 결함지시 모양은 현상시간의 경과함에 따라 확대되므로 결함지시모양의 크기와 실제의 결함의 크기와의 상대성을 잃어버리고 평가가 불가능하게 되는 경우가 있다.

이것은 현상처리 후의 잠간동안은 결함보다도 지시모양의 크기가 적으나, 경과시간이 길어지면 결함보다도 지시모양이 커지기 때문에, 정확한 관찰을 한다는 것은 전술한 바와같이 현상시간이 경과 후 즉시 한번에 관찰하는 것이 좋으며, 현상시간 중에 몇번이고 관찰하여 관찰할 지시모양이 형성되고 있는 상황을 관찰하지 않으면, 엄밀한 결함의 검출과 평가가 되지 못한다.

관찰에 대해서, 지시모양이 바로 결함에 의한 것인가, 결함이외의 원인에 의해서인가, 바꿔말하면 의사모양인가의 판단이 될 수 없는 경우가 있지만, 의사모양인가 아닌가를 알아보기 위해서는 의사모양의 발생원인을 잘 이해하고 있으면 편리하다. 여기서 의사모양의 발생원인은 다음과 같다.

1) 전처리가 불충분하기 때문에 녹, 스케일 등의 고형부착물이 남아있는 경우
2) 유화처리가 부적당하여 세척후에도 시험품 표면에 침투액이 남아있는 경우
3) 세척부족으로 세척후에도 시험품 표면에 침투액이 남아있는 경우
4) 모서리, 끼워맞춤부 등에 나타나는 것 및 Key부, 나사부, 용접비드의 경계 등의 세척 곤란한 장소

7-7-1 형광침투탐상검사에 의한 관찰

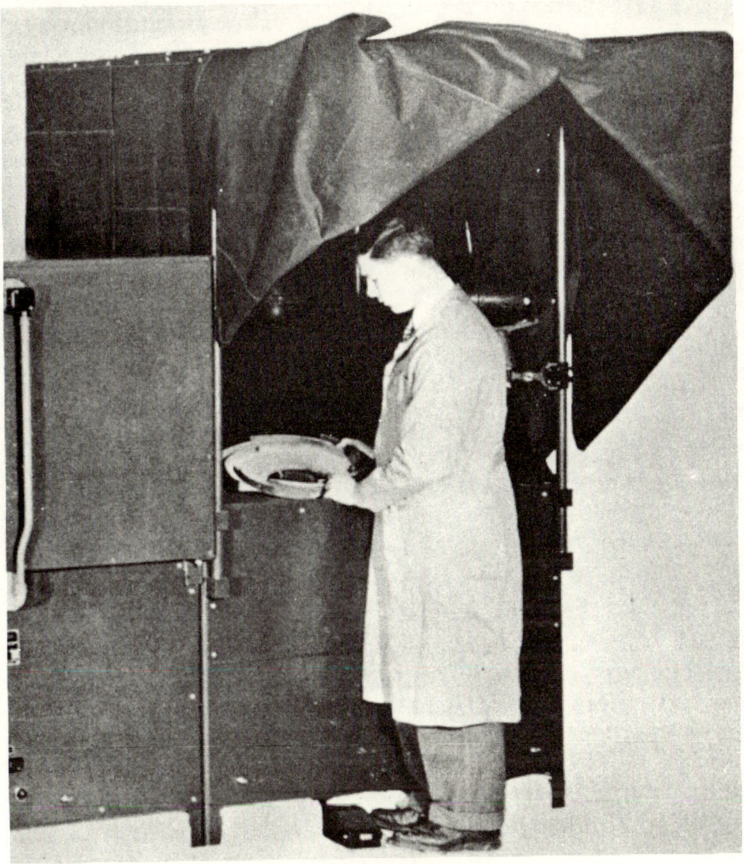

(그림 3-16) 자외선등(Black light) 검사

형광침투탐상검사의 경우는 암실(暗室) 또는 어두운 곳에서 자외선을 조사하여 관찰한다. 시험품이 대형부품의 경우는 휴대형의 자외선등을 사용, 국부적으로 관찰하여 전면적(全面積)을 관찰하도록 한다. 소형 부품의 경우에는 고정된 자외선등 아래서 관찰하는 것이 좋다. 자외선을 조사해서 검출할 지시모양은 관찰할 장소가 어두울수록 형광의 밝기가 높기 때문에, 좋은 결과를 얻기 위해서는 어두운 장소에서 관찰하도록 한다. 특히 미세한 결함을 검사해야 할 때는 특별히 어둡게 하는 것이 좋다.

또, 어두운 장소에서 작업을 할 때 정확하게 관찰하기 위해, 관찰을 시작하기전 눈이 어두운 곳에 적응되도록 하여야 하며, 이를 어두움 적응(Dark adaptation)이라고 한다. 이 때는 관찰이 끝날 때까지 밝은 곳으로 나오지 않도록 하는 것이 좋다. 관찰 중에 직접 자외선을 눈에 비추는 경우라던가 시험품 기타 반사면으로부터의 자외선이 눈에 들어오는 경우는, 결함이 희미하게 잘 보이지 않는 경우가 있으므로 주의를 요한다.

(그림 3-17) 검사중인 형광 침투 탐상검사

7-7-2 염색침투탐상에 의한 관찰

염색침투탐상검사의 경우는 결함지시모양을 충분히 확인할 수 있도록 밝은 가시광선(可視光線) 아래서 관찰하는 것이 좋다. 이 방법은 특별하게 관찰을 위한 장치가 필요하지 않다.

결함지시모양은 현상제가 균일하게 도포된 백색(白色)의 배경상에 적색(赤色) 침투액의 모양으로 나타나므로 염색침투탐상검사에서 지시모양의 관찰은 적색을 갖는 가시광선 아래에서는 식별성이 나쁘기 때문에 백색광 아래에서 관찰하도록 한다.

결함지시모양의 형상은 형광침투탐상 검사의 경우와 같으며, 결함은 선상 또는 점선상에 나타나고 기포, 기공 등은 점 또는 점의 집합체 등으로 나타난다.

또, 기포, 기공 등의 모임은 그 모여있는 전면에 걸쳐 큰모양으로 나타난다. 이 방법에 의한 현상제의 도막면에 빨려나온 침투액이 배경과 명암도가 약해 형광침투탐상검사에 비해 검출이 어려운 경우가 있으므로 주의해야 한다.

7-8 재시험(再試驗)

시험의 과정에서 절차 순서의 잘못이 있을 때 또는 지시모양이 결함에 의한 것인가, 의사모양에 의한 것인가의 판단이 곤난할 때, 또한 등급분류의 평가를 내리기 어려운 경우는 전면적 또는 부분적으로 다시 검사를 실시해야 하는 일이 많다. 이러한 절차를 재시험이라 한다.

재시험을 실시할 경우는 필히 전처리를 포함해서 처음부터 각처리 순서를 정확한 방법으로 다시 실시하여야 하며, 특히 전처리는 충분히 행하고, 시험면의 현상제는 물론, 결함내에 남아있는 침투액도 잘 씻어내는 것이 필요하다.

7-9 후처리(後處理)

검사를 한 후 시험품을 폐기할 경우를 제외하고 시험에 합격한 시험품 또는 수리가 가능한 시험품의 경우는 필요에 따라 시험품 표면의 현상제 및 다른 부분에 부착되어있는 현상제, 침투액 등을 제거하고 적당한 표면처리를 하여야 한다. 이러한 절차를 후처리라 하고 다음과 같은 경우에 실시한다.

1) 침투탐상검사를 실시하면 시험품 표면의 유지류가 제거되지만, 흡습성(吸濕性)이 강한 현상제가 부착되기 때문에, 시험 후 그대로 방치해 놓으면 녹이 쓰는 재료의 경우는 표면에 현상제 등을 완전히 제거해서 방청처리를 실시할 필요가 있다.

2) 시험 후 시험품 가공 또는 사용할 때에, 표면에 부착되어 남아있는 현상제, 침투액 등이 유해한 경우에 그것을 완전히 제거할 필요가 있다. 처리 방법은 전처리와 같은 용제세척 및 기타 방법이 있지만 전처리 항을 참조하면 좋다. 현상제만을 제거하는 경우는 후러싱(Flushing), 공기로 불어내는 법, 수세척 등의 간단한 방법으로도 효과적으로 세척할 수 있지만 녹이 발생될 염려가 있는 재료의 경우는 세척처리 방법에 따라 방청처리를 할 필요가 있다.

1. 전처리 2. 침투처리 3. 세척처리 4. 현상처리 5. 관찰

(그림 3-18) 가장 간단한 침투탐상검사 방법

7-10 시험결과의 기록

7-10-1 시험결과 기록에 필요한 항목

시험조건 및 시험결과의 기록을 작성할 경우에 주의해야 할 사항은 시험조건 및 읽고나서 언제, 누가, 어디, 어떤 방법에 의해 어떤 시험편의 어느 부분을, 어떤 목적으로, 어떤 시험조건으로 시험해서 그 결과를 얻었다는 것이 용이하게 이해되고 또 결과에 따라 보수를 하던가 그대로 남아있는 결함부분의 확인을 용이하게 할 수 있도록 남겨둘 필요가 있다. 그러기 위해서는 최소한 다음의 항목이 기록 되어야 한다.

1) 시험실시자의 성명 및 자격 :

시험성적서 또는 시험 보고서에는 필히 시험 실시자의 이름 및 자격을 기록해야 한다. 그리고 또한 시험실시자가 시험결과를 판정한 기술자와 다를 경우에는 각각 별개로 기록해야 한다.

이것은 시험실시자와 판정기술자에 대해 시험검사업무의 중요성을 인식하게 하고, 자기가 행한 시험의 결과에 대해 책임을 갖는 동시에, 제 3 자에 대해서는 시험결과에 대한 신뢰성을 충분하게 하기 위함이다.

지금까지는 시험실시자의 서명이 없이 관리자의 서명이 있는 경우가 있으나, 이것은 전혀 의미가 없으며, 필히 시험실시자의 서명이 있어야 한다. 시험을 하는 자는 국가 기량인정제도에 명시된 자격을 갖는 것이 요망되지만 각 기업내에서 행해지고 있는 사내 인정규정에 의거 자격을 소유한 자도 가능하며, 어떤 규정에 의한 자격인가를 명확히 기록해야 한다.

2) 시험실시장소 및 시험년월일 :

시험성적서 또는 시험보고서가 언제, 어디에서 실시한 시험인가를 명확하게 하기위해서 절대로 필요한 항목이다. 또한 동일한 대상물에 대해 동일한 시험이 시기를 바꿔서 몇차례 요구되는 경우도 있지만, 그러한 경우에는 언제 시점에서 행한 시험에 대한 성적인가를 명확하게 하여야 그 시험결과를 용이하게 이해하는 데 참고할 수가 있으며, 넓은 의미에서 시험의 신뢰성에 관계가 있다. 예를들어 압력용기의 용접부 등에서는 개선면검사로부터 시작해서 열처리 후, 압력시험 후 등 동일 개소에 대해 3회 이상의 자분탐상검사 혹은 침투탐상검사가 요구되기도 하여, 시험을 실시한 시기를 명확하게 하는 것이 기록의 혼란을 방지하는 의미로서도 중요한 것이다.

3) 시험의 목적 :

시험의 결과를 알리는 보고서 혹은 성적서에는 어떤 목적으로 침투탐상검사 또는 자분탐상검사를 했는가를 명확하게 기록할 필요가 있다. 이것은 이후에 기록을 검토할 필요가 생긴 경우, 무슨 이유로 시험을 했는가를 명확하게 이해할 수 있기 위함이다. 특히 동일시험이 시간과 장소를 바꿔, 몇회 실시되었을 때에는 기억을 혼란하게 하지 않기 위해서도 필요한 항목이다. 예를들어 동일 용접부 표면의 염색침투탐상 검사에 있어서 용접직후에 한 시험의 결과와 열처리 후 행한 시험의 결과인가 또는 압력시험 후의 시험결과인가에 따라 그 시험에 따른 평가가 그 시험의 목적에 따라 달라지기 때문이다.

4) 적용규격, 기준, 사양서 또는 절차서명 :

어떠한 비파괴검사에서도 시험기술자가 시험을 실시할 경우에는 시험 방법, 시험조건, 사용기기 및 시험재료 등은 그것들이 상세히 규정되어 있는 규격, 기준, 사양서 또는 절차서 등에 따라야 한다.

그래서 그 시험의 내용은 그 문서가 다르면 당연히 내용도 다르게 되므로 어떤 구조물의 용접부 검사에는 옳바른 방법, 조건이 되지만 다른 구조물의 용접부검사에는 불충분한 경우가 있다. 따라서 검사를 할 경우에는 어떤 규격, 기준 또는 절차서에 따라 검사를 하였는가를 명확하게 할 필요가 있다. 규격, 기준, 절차서에 나타난 내용을 이해하고, 주어진 조건을 올바로 적용하는 것이 매우 중요하다.

5) 시험법 :

침투탐상검사방법 중 어느 시험법을 사용하는가는 전술(前述)한 문서중에 규정되어 있지만, 이것은 결과의 판정을 평가하는데 있어서 꼭 필요함으로 성적서에는 필히 기록하도록 하여야 한다. 이것은 시험법의 종류에 따라 결함의 검출능력이 다른 경우도 있고 또 어떤 시험법을 사용한 경우에는 의사모양이 발생하기 쉬운 경우도 있기 때문이다. 예를들면 용제제거성 염색침투탐상검사라고 하는 명칭과 동시에 현상방법을 기입하여야 한다.

6) 시험조건 :

시험조건은 시험법과 같이 규격, 기준, 사양서, 절차서들 중에 규정되어 있다. 그러나 그 조건은 시험법의 명칭과 같이 결과에 대해 평가, 판단을 내릴경우에 매우 중요한 정보가 되고 성적서에 기재된 결과가 얻어질 때까지 적용된 시험절차의 모든것이 재현될 수 있도록 모든 조건을 기재하여둘 필요가 있다. 예를들면 다음의 항목 등이 필요항목이라 생각할 수 있다.

a) 전처리방법–연마사상, 증기탈지, 산세척, 용제세척, 중화처리 등

b) 전처리 후 방치시간–상온건조, 열풍건조 등

c) 사용한 침투제의 명칭 및 제조자 명

d) 제조년월일 또는 제조일련번호

e) 시험성적서 번호

f) 침투액의 적용방법–분무, 에어졸, 붓, 침적 등

g) 침투시간

h) 과잉침투액의 제거방법

i) 건조온도, 건조시간

j) 현상시간, 시험체온도, 외기온도, 습도, 풍속 등

7) 시험체 명칭 :

시험체 명칭은 당연한 사항으로, 검사대상이 되는 것이 무엇인가 또 어느 부분의 시험결과인가를 명확하게 하여야 한다.

8) 시험결과 :

시험결과의 기록은 그것에 의해 시험체의 품질이 어떠한가, 어떤 종류, 형상, 크기의 결함인가, 어느 부분에 어떤 위치관계에 몇개인가, 또 그 결함은 적용기준에 합격인가 불합격인가, 등급분류에서는 어떤 등급으로 분류되는가, 혼히 필요에 따라서는 최후에 그 결함이 잔류되는가, 보수해야 되는가, 또한 보수방법도 그라인더로 갈아낼 것인가, 아니면 용접보수를 해야 하는가 등이 명료하게 기록 되어야 한다.

이러한 기록이 중요한 것은 단지 제작된 시점에서의 검사에서 그 물품의 품질을 평가하는 것 뿐만아니고, 그 후 가동에 들어가서의 검사로서 기기, 구조물의 안전성을 감시하는데 있어서도 말할 수 있는 것으로서 가능한 한 상세하게 기재하여야 한다.

9) 지시 모양의 기록 :

8)항에서 기술한 시험결과에 당연히 첨부 되어야 하는 것이 지시모양의 기록이다. 이것은 시험결과로서 취급된 결함별로 어떤 것인가를 직접 눈으로 볼 수 있고, 시험결과를 평가하는 기술자에게 결과에 관한 기록의 신뢰성을 높이고, 또한 납득되도록 하는 것으로 매우 중요하다. 이를 위해서는 누구라도 알 수 있는 기록을 얻는 방법을 구해야 한다.

이상 시험 또는 검사 성적서를 작성할 경우에 기입되는 항목과 그 필요성을 기술하였으나, 이 항목과 내용이 만족되어 있으면, 어떠한 형식의 성적서일지라도 상관이 없으며, 또한 당연히 그 양식은 대상물에 따라 변할 수도 있다.

예를들면 소형 대량 생산품과 구형(球型) 압력 용기의 용접부의 성적서와는 당연히 다를수 밖에 없지만, 전자에 대해서는 시험품 각각의 성적서가 불필요하다고 생각되나, 후자에 대해서는 전체적인것과 함께 용접심(Seam)에 대해서도 성적서를 작성하여야 할 것으로 생각된다.

또한, 동일 종류의 단조품, 주조품 등의 경우 등에서는 합격품에 대해서 일괄적으로 검사성적서를 작성하고, 불합격에 대해서는 지시모양의 기록을 첨부한 검사성적서를 작성하는 경우 등도 있다.

이러한 것은 미리 검사결과를 제출할 측과 받는 측이 서로 검토, 합의해서 정하도록 하는 것이 좋다.

7-10-2 결함지시 모양의 기록방법

1) 기록방법의 종류와 특징

침투탐상검사에 의해 얻어진 결함지시모양을 기록하는 방법으로는 다음의 3 가지 방법이 있다.

a) 사진에 의한 기록

b) 접착테이프에 의한 전사

c) 스켓치(Sketch)에 의한 기록

이상의 3가지 방법은 각각의 장단점이 있으며 그 주요사항은 다음과 같다.

(a) 사진에 의한 기록

이 방법은 가장 충실하게 결함지시모양을 기록할 수 있는 방법이지만, 지시모양은 적색(염색침투탐상법) 또는 황록색(형광침투탐상법)을 나타내므로 일반적인 사진으로는 충분한 명암도를 재현할 수 없고, 올바른 기록을 위해서는 천연색필름(Color film)에 의해 사진촬영을 해야 하는 바, 기록작성에 시간이 걸리며, 적정한 노출 조건으로 선명한 사진을 촬영하기까지는 숙련과 경험이 필요하고, 비용도 많이 들기때문에 실제 생산품의 성적서에 첨부하는 기록으로는 부적당하며, 시험 연구용 기록으로 많이 사용된다.

(b) 접착테이프에 의한 전사(轉寫)

이 방법은 전술한 사진촬영에 의한 방법에 비해, 기록을 채취할 때 소요되는 시간, 비용, 전사의 실용성 등의 여러가지 점에서 유리한 방법이라고 말할 수 있지만, 이 방법을 사용해서 비교적 잘 전사할 수 있는 것은 염색침투액을 사용한 속건식 현상제를 사용한 경우이며, 그 외의 방법을 사용한 경우에는 명료한 지시모양을 전사하는 것이 곤란하다. 그러나 염색침투탐상법에 의한 결함 지시모양에 대해서 전사가 가능하다고 하지만, 결함지시모양이 미립자 분말의 얇은층으로 만들어지므로 이것을 전사(轉寫)하였다 하더라도 현상제 피막 모두를 전사할 수 없으며, 극히 표면층만 부착하므로 그 선명도 또는 결함지시모양 재현(再現)의 충실도는 사진촬영에 비해 저하된다.

그러나, 최근 새로운 기술의 개발로, 현상제층을 고화(固化) 시킨 후 전사하는 방법 등이 사용되어 전사상(轉寫像)도 개량되고 있다. 그림 3-19는 결함지시모양을 전사하는 요령 및 전사된 지시모양을 나타낸 그림이다. 접착테이프에 의해 전사한 경우에는 접착테이프의 성질, 품질에 따라서 경년변화가 일어나서 장기간의 보존, 유지가 불가능한 경우도 있어 기록법으로 충분한 방법이라고 말하기 어려운 면이 있다.

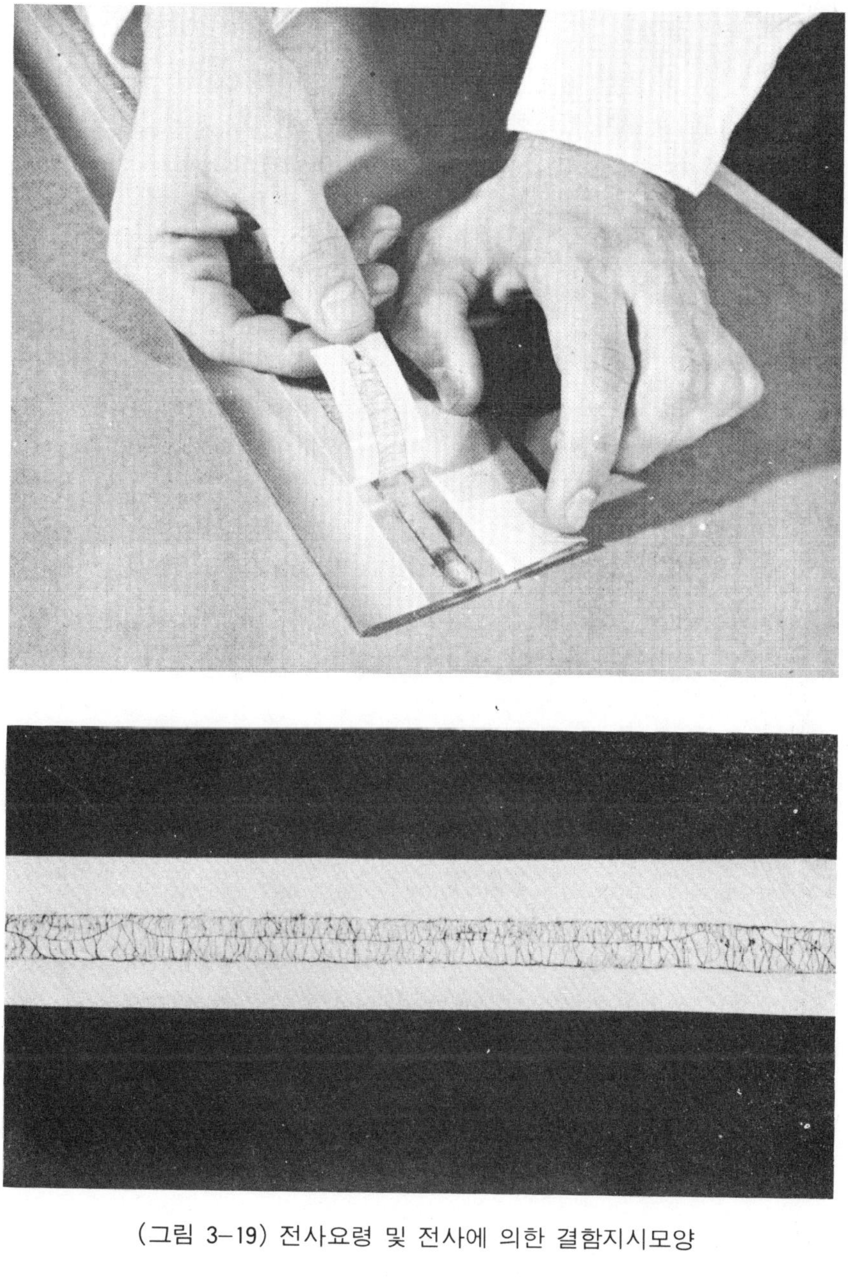

(그림 3-19) 전사요령 및 전사에 의한 결함지시모양

(c) 스켓치에 의한 기록

스켓치에 의한 기록은 형상의 정확성에서는 상기 2가지 방법에 비해 다소 미비하지만 기록의 영구성, 작성비용 등에 장점이 있고 주의를 기울여 스켓치를 하면 정밀도 높은 결함지시 모양의 형상을 재현할 수도 있어 기록으로서 충분한 가치를 갖을 수가 있다. 기록의 가치로서 중요한 것은 그 기록을 보고 즉시 지시모양의 원인이 된 결함의 위치가 확인되고, 크기 형상은 알 수가 있도록 하여야 한다는 것이다. 그러기 위해서는 꼭 위치관계를 명확하게 표현하도록 하여야 한다. 일반적으로 소형 부품의 경우에는 형상을 스켓치하고 그 형상의 특징을 살려서 어느 부분에서 지시모양이 있는가를 그리면 좋지만, 대형구조물의 용접부의 경우에는 국부적인 위치를 명시하여 기록을 취하도록 하여야 하며 그 방법은 대상물에 따라 변화시켜 주어야 한다.

스켓치에 의한 기록 방법은 본 교재 씨리즈 제 2 권 자분탐상검사에서 설명된 시험결과 기록의 작성법을 참고 바랍니다(제 2 권 제 5 장 2-8-1항).

제 4 장 침투탐상검사용 장치기구 및 시험편

1. 침투탐상검사용 장치 및 기구

침투탐상검사에 사용하는 장치는 탐상방법, 탐상제의 적용방법, 시험품의 형상, 크기, 처리수량 및 검출할 결함의 종류 등에 따라 다르며, 간편한 장치로부터 대형의 장치까지 다양하다. 어느 장치를 사용하더라도, 장치에서 요구되는 중요한 기능은 침투탐상검사 절차서에 요구되는 결함을 확실하게 검출하고, 작업성이 우수해야 한다는 것이다. 그러나 침투탐상검사는 그 조작방법이 잘못되면, 간편한 장치라도 충분하게 목적을 달성할 수 없으므로, 시험품의 크기, 처리수량을 고려해서 결함을 확실하게 검출하여 시험조건을 만족시키고 작업성이 좋으며, 합리적인 장치를 선택하도록 하여야 한다.

침투탐상검사용 장치의 구비조건을 열거하면 다음과 같다.

1) 결함을 확실하게 검출할 수 있을 것
2) 조작이 간편하고 안전할 것
3) 시험을 신속하게 실시할 수 있을 것
4) 장치의 관리가 용이할 것

침투탐상검사용 장치 및 기구를 분류하면 다음과 같이 침투탐상검사의 각 단계별로 분류할 수 있으며 이러한 것을 조합해서 탐상검사에 사용된다.

1) 전처리용 장비–이것은 보통, 침투탐상검사장비와 별도로 분리된다.
2) 침투처리용 장비–배액처리장치를 포함한다.
3) 후유화 처리용 장비
4) 용제제거처리용 장비–염색침투탐상검사에 주로 사용된다.
5) 세척용 장비–수세척 및 후유화제법에 사용된다.
6) 현상처리용 장비
7) 건조기

8) 검사용 장비－관찰 및 판독용 장비

1–1 전처리 장비

전처리과정은 시험할 부품의 표면에 존재하는 그리이스, 페인트, 녹, 스케일 등을 제거하는 것으로 각각의 경우에 따라 적절한 장비를 선택하여야 하며, 이러한 장비들은 또한 경제적으로 활용할 수 있어야 한다.

전처리에 사용되는 장비로는 증기 탈지기, 샌드브라스터(Sand blaster), 수세장치, 용제 및 화학물탱크 또는 분사장치, 증기분사장비 등이 있다(그림 3–5 참조).

전처리 장비는 보통 침투탐상검사시설과는 분리되거나, 떨어져 있는 장소에 설치되는 경우도 있다.

그러나, 시험품의 취급 및 운반의 최소화를 위해서는, 검사장소와 가능한 가깝도록 하는 것이 이상적이며, 검사원은 적절한 전처리가 수행되었는가를 침투 처리전에 반드시 확인하여야 한다.

전처리장소는 시험품의 운반시 깨끗하고, 건조하도록 하여야 하며, 만약 용제를 사용시 가열이 요구되면 반드시 모든 용제는 균열이나 기타 다른 표면 개구부로부터 제거 되어야 한다. 특히 세척액과 함께 물이 사용될 때는 가열(加熱)의 필요성이 요구되고, 세척제와 함께 사용된 물은 상당한 침투력이 있기 때문에, 세척중 균열이나 기타 결함속에 침투될수도 있으므로, 침투된 세척수가 남아 있는 것을 방지토록 가열하여 제거됨을 확인하여야 한다.

1–2 침투처리 장비

침투처리과정에 사용되는 장비는 침투제를 시험편 전체 또는 부분적으로 도포하도록 하는 것이며, 소형부품 또는 대형부품에 따라 준비 되어야 한다.

이때 추가해서 고려할 것은 "과잉의 침투제를 제거시킬 수 있는 배액처리시설(Draining racks)도 준비"하여야 하는 것이다.

소형 부품은 일반적으로 침적법을 사용하므로 침적탱크가 요구되며 침적탱크는 보통 스테인레스 스틸로 만들어진다(그림 3–7 참조).

대형부품은 일반적으로 분무법 또는 흘려붓는 법을 적용하므로 분무기(호스, 스프레이 노즐 포함)가 사용되며, 무거운 제품을 취급시에는 콘베이어장치가 요구되기도 한다.

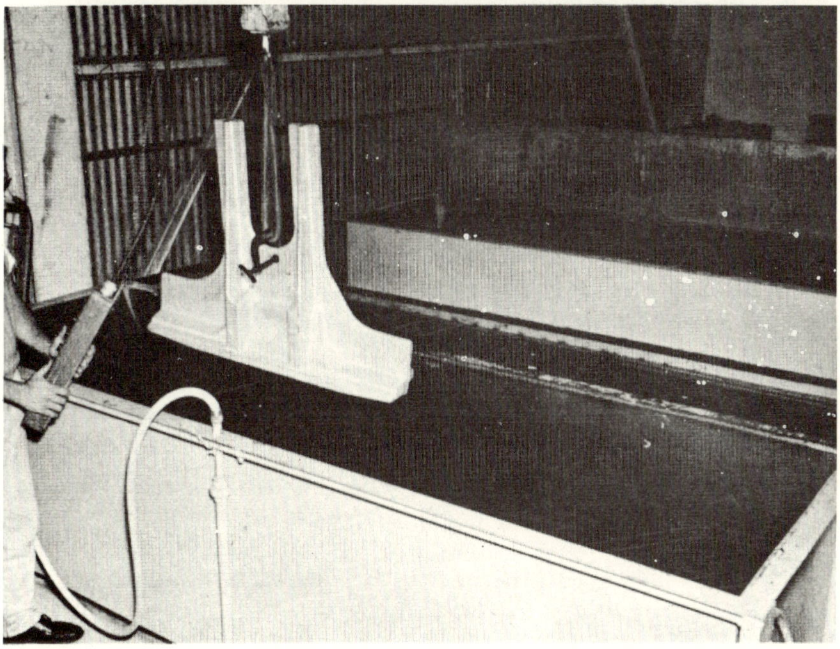

(그림 4-1) 침투액의 침적법(대형부품)

1-3 유화처리 장비

후유화성 침투탐상시험을 실시할 경우에 필요한 장비 또는 습식 침투처리장비(침투액조)와 동일하며, 분산장치는 필요하지 않다.

1-4 세척장비

소형의 제품은 수세척이 주로 사용되어 세척탱크에서 분무법을 적용하며, 수세척의 경우에 사용되는 장치로는 시험품을 위치시킬 고정(固定) 또는 회전작업대, 세척용 노즐, 세척정도를 확인할 자외선 조사장치로 구성되고 필요에 따라 수압(水壓)과 수온(水温)을 조정할 수 있는 장치가 부설되기도 한다.

수세척처리 장비에서는 스프레이 노즐의 양부(良否)가 세척효과에 크게 영향을 주므로 노즐의 선택에 특히 주의해야 할 필요가 있다.

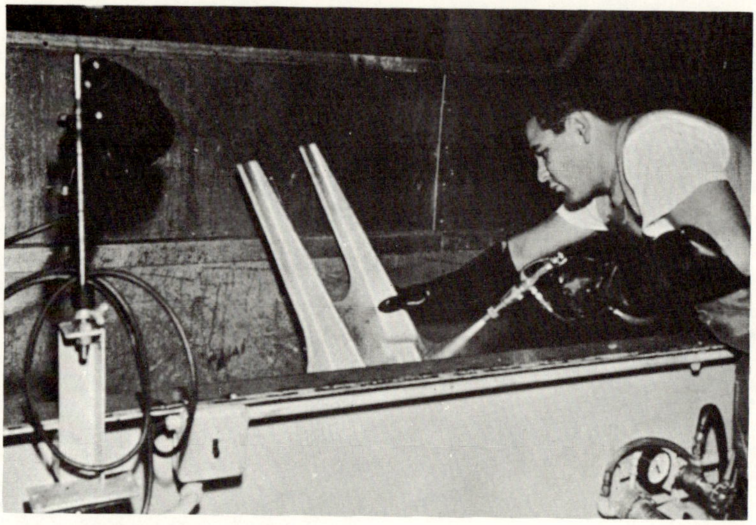

(그림 4-2) 수세척 장비(대형부품)

1-5 건조처리 장비

세척처리 후 또는 습식 현상처리 후에 시험면을 건조하기 위한 장비로는 일반적으로 건조온도가 90℃ 이하로 제어되는 열풍순환식이 많이 사용된다. 이 장치는 히터(Heater), 송풍기(Fan), 자동온도조정기(Thermostat)로 되어 있고, 경우에 따라서는 헤어드라이어(Hair dryer)를 활용할 수도 있다.

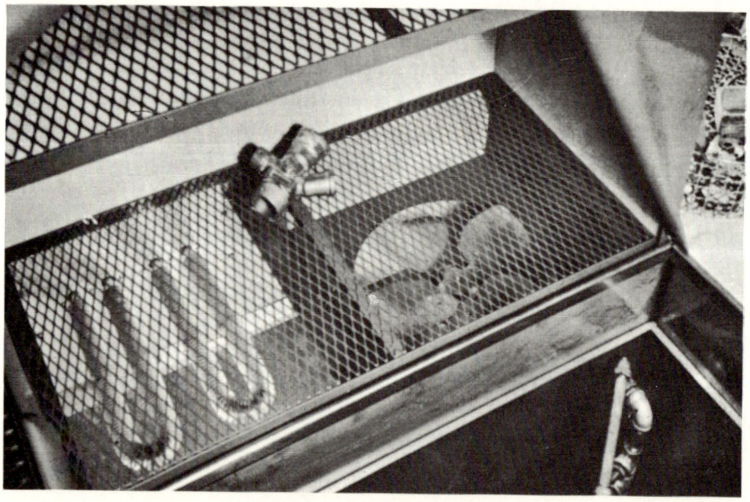

(그림 4-3) 열풍순환기 건조기

1-6 현상처리 장비

현상처리 장비는 습식 현상법과 건식 현상법을 위한 장비들이 있다.

1) 습식 현상처리 장비

침적법을 적용시 시험품을 침적할 현상액 탱크, 배액대 등이 필요하며, 현상액을 균일하게 현탁시키기 위한 기기가 탱크내에 포함되어야 한다. 분무법에 의한 습식 현상처리시는 특별한 장비가 요구되지 않으나, 분무기 또는 에어졸 타입의 장비와 필요에 따라 자외선 조사장치가 필요한 경우가 있다.

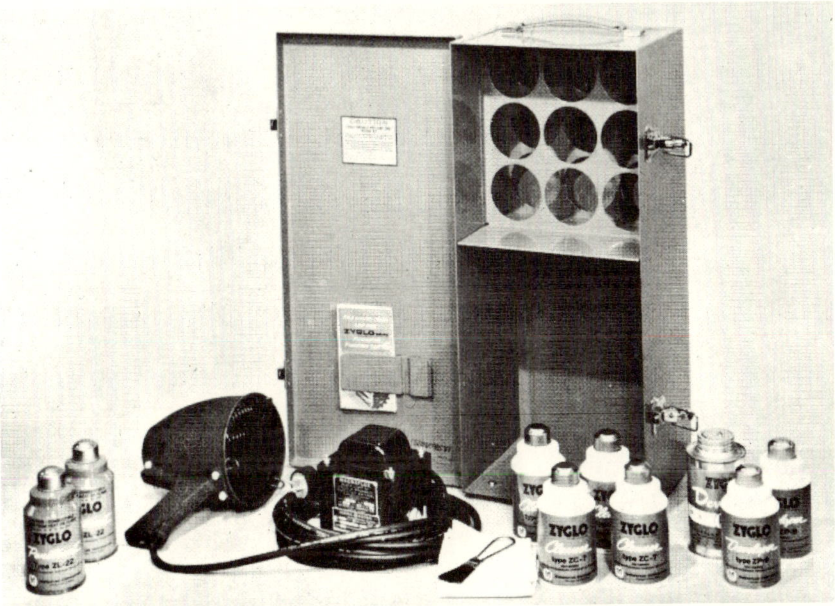

(그림 4-4) 형광침투탐상장비(습식)

2) 건식 현상처리 장비

일반적으로 시험품을 넣기 위한 현상제 탱크 또는 공기 중에 현상제 미분말을 분산시키기 위한 분무장비 등이 요구된다. 필요에 따라서는 과잉의 현상제를 공기로 제거하기 위한 작업대가 부설될 경우도 있다. 건식 현상제는 미분말체가 비산하는 것을 막기위한 대책이 필요하며, 집진장치를 설치하고 있는 것도 있다.

(그림 4–5) 건식현상제의 집진장치

1–7 검사실

자외선조사장치, 백색등, 환풍기, 검사대 등을 설치한 암실 등이 형광침투탐상검사의 경우에 필요한 장비들이다.

검사실에 설치된 자외선 조사장치는 정치식 또는 휴대식이 사용된다.

그림 4–6은 자외선 조사장치를 갖춘 소형의 검사대를 나타낸 것이다.

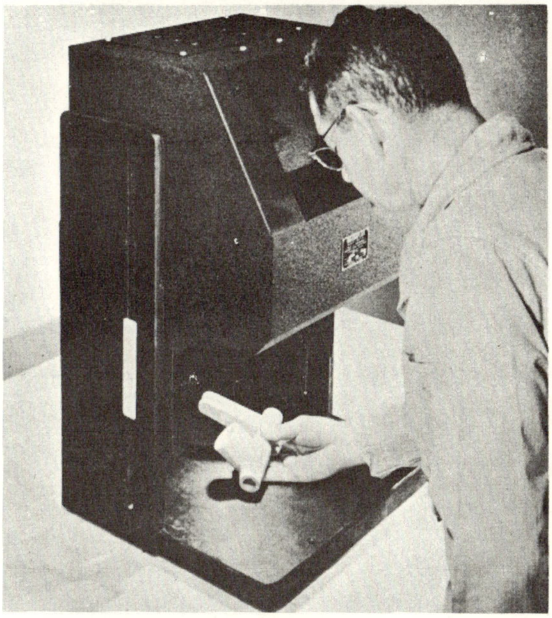

(그림 4-6) 소형 자외선 조사장치 검사대

1) 자외선 조사장치(Black light)

자외선조사장치는 형광침투탐상시험에 대하여 파장이 330~390nm의 자외선을 조사하는 것으로 Black light라고도 부르며, 고압수은등에 자외선 투과휠타(Filter)를 부착한 자외선조사 등과 안정기(安定器)로 구성되어 있다. 일반적으로 그림 4-7에 나타나 있는 휴대형 또는 정치형이 있다.

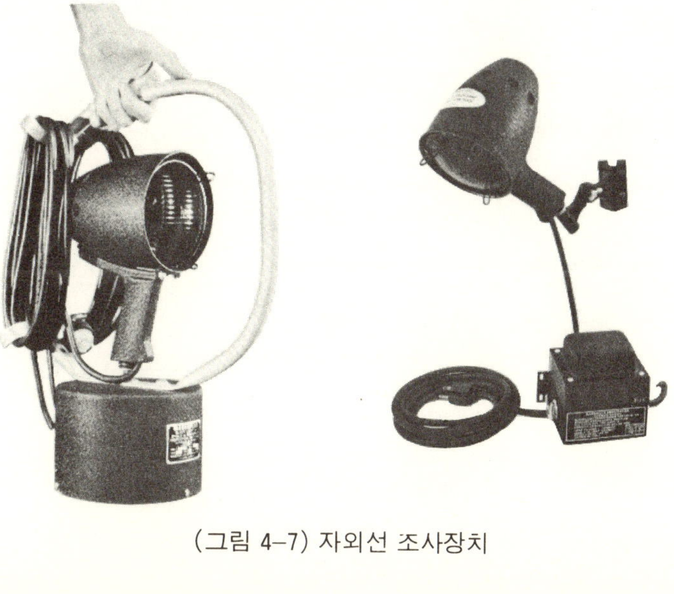

(그림 4-7) 자외선 조사장치

자외선조사등으로부터 조사된 자외선 강도는, 조사중심으로부터 횡방향으로 벗어난 위치에서는 휠타의 렌즈(Lens) 효과에 의해 급격히 감소하고, 휠타의 전면으로부터 멀어지면 거리의 자승에 반비례하여 감소한다. 따라서 자외선조사등을 사용하는 경우에는 그 위치 및 시험면으로부터의 거리에 주의하여야 한다.

관찰을 위해 필요한 자외선강도는 통상 시험면에 대해 800~1,000μW / ㎠ 이다. 고압 수은등은 광량(光量)이 점등초기 1,000시간에서 약 10% 강하하고 그 후 원만한 둔화곡선을 따라 감소하며, 초기 광량의 20%까지 둔화되면 수명이 다 되었다고 생각한다. 그 시점까지의 수명을 유효수명이라 하며 이 유효수명은 안정기의 종류, 램프의 점등회수에 따라 영향을 받으며, 통상 1회 점멸(點滅)에서 유효 수명이 약 30분 단축된다. 또 사용 중에 전원스위치가 끊어지면, 즉시 스위치를 넣어도 수은 등이 냉각될 때까지 불이 들어오지 않으므로, 점등 하려면 5~6분이 걸린다. 따라서 자외선 조사등은 필요이외로 점멸하지 않는 것이 좋으며, 자외선 조사장치를 정기적으로 자외선강도 또는 조도를 측정하고 관리할 필요가 있다.

고압수은등은 대단히 넓은 범위의 파장이 광선(光線)을 방사하며 이 광선 중 파장이 390nm 이상의 광선은 결함지시 모양을 식별하는데 나쁘며, 또 330 nm 이하의 광선은 인체에 유해하다. 고로 이 파장의 광선은 차단할 필요가 있기 때문에 자외선 조사등은 전면에 자외선 휠타가 부착되어 있다.

고압수은등과 같은 방전등(放電燈)은 점등하면 전류를 무제한으로 흐르게 하는 성질이 있다. 자외선 조사장치의 안정기는 이 전류를 일정하게 하는 역할을 하며 1차 전압의 변동에 의한 영향을 방지하는 역할을 하기도 한다.

1-8 장치의 실례(實例)

정치식 침투탐상검사장치의 대표적인 예를 그림 4-8에 나타내었다. 이 장치에는 침투처리탱크, 배액대, 유화처리탱크, 세척처리, 및 현상처리, 자외선 조사장치를 포함한 검사실를 갖추고 있으며 열풍건조기가 포함되어 있다.

또한, 그림 4-9에서 12까지는 Type별 검사장치의 구조도를 나타낸 그림이다.

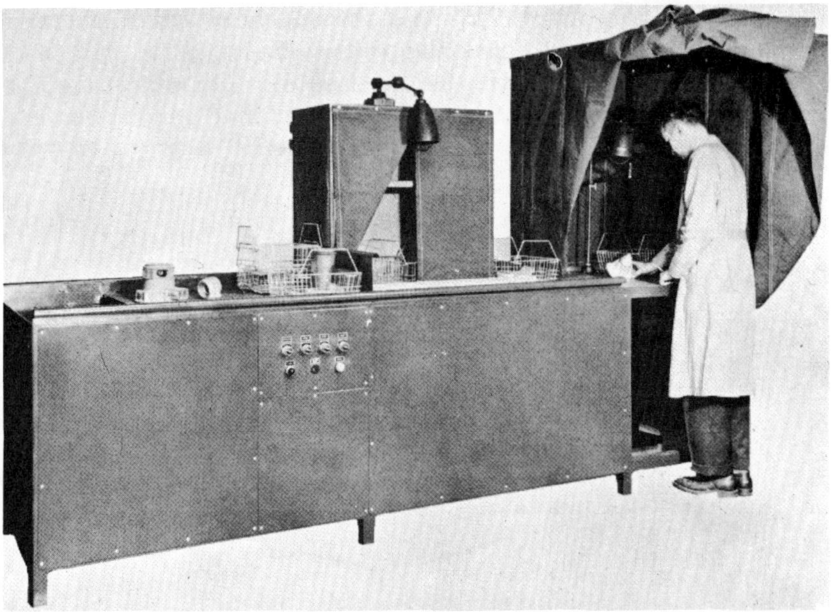

(그림 4-8) 대표적인 정치적 침투탐상검사 장치

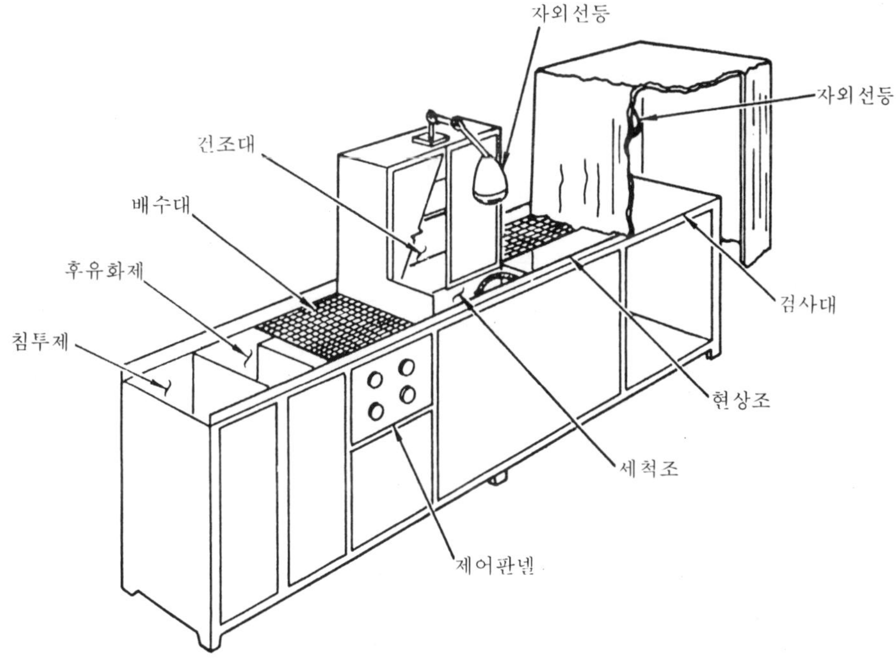

(그림 4-9) Type Ⅰ. 방법 A와 B에 사용되는 장비 구조도

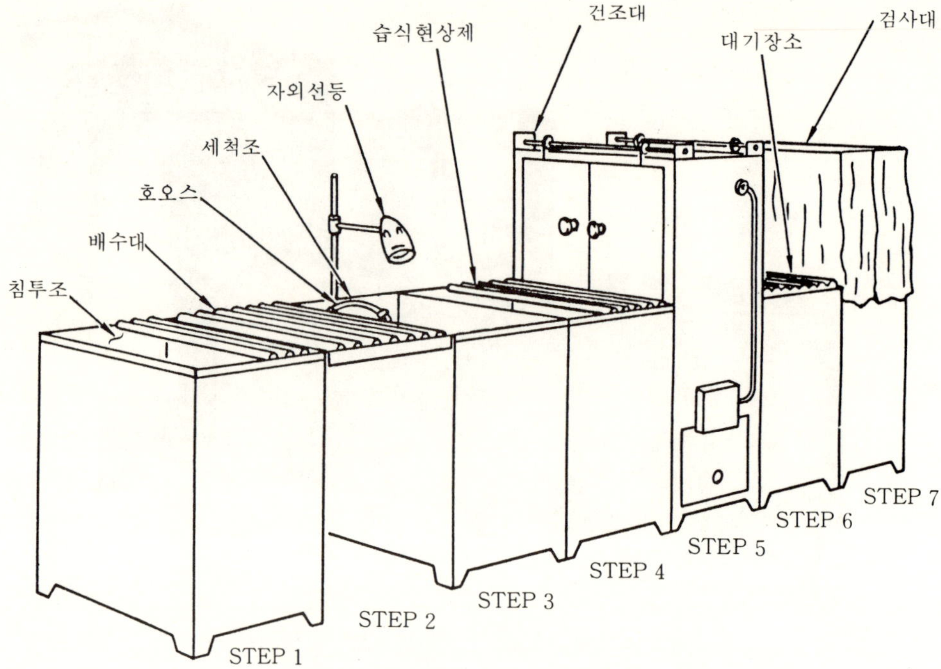

(그림 4-10) 중형 시험품의 시험장비 구조도

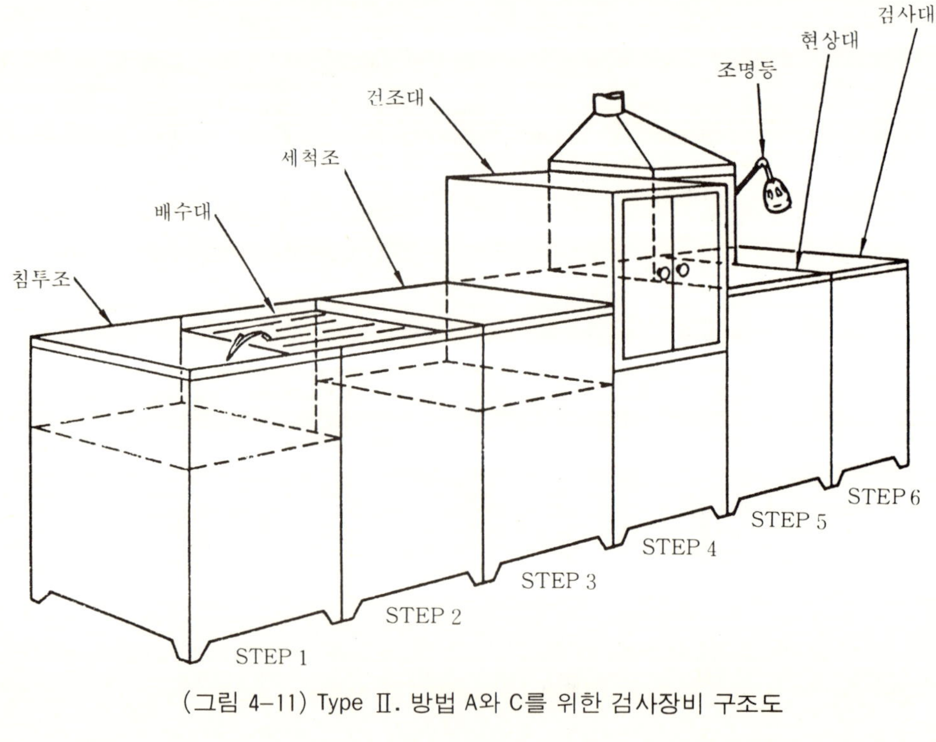

(그림 4-11) Type Ⅱ. 방법 A와 C를 위한 검사장비 구조도

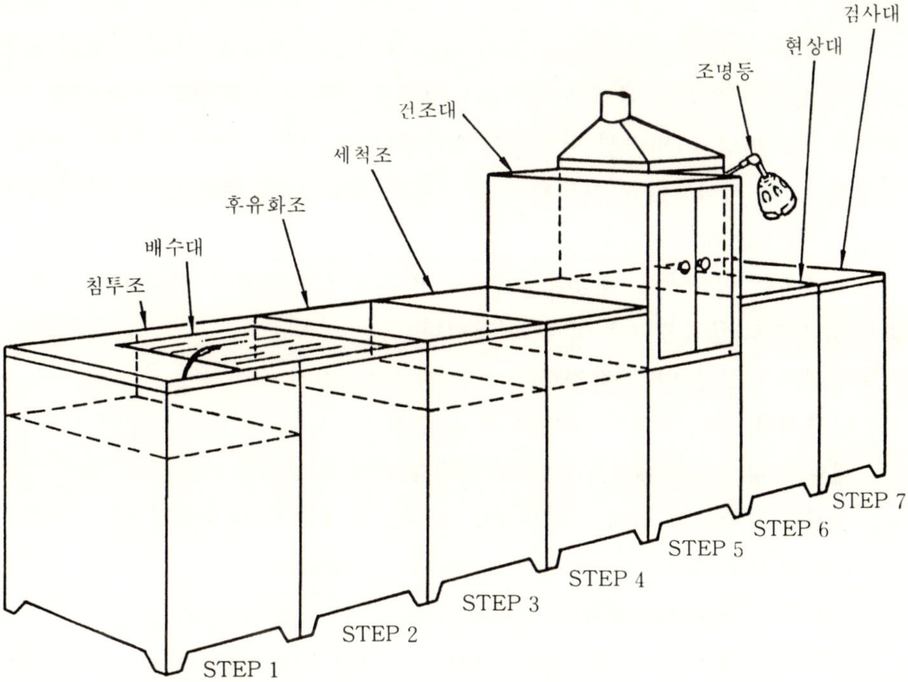

(그림 4-12) Type Ⅱ 방법 B를 위한 검사장비 구조도

2. 침투탐상검사용 시험편

이 장에서는 침투탐상제의 성능의 비교 및 점검(點檢)에 사용되는 시험편에 대하여 설명하기로 한다. 현재 국내에서 사용되는 시험편에는 K.S B 0816에 명시된 A형 비교시험편과 B형 비교시험편이 있다.

A형 비교시험편은 알루미늄 및 알루미늄합금판(K.S D 6701에 규정된)을 소입(燒入) 급냉시켜 터짐을 발생시킨 후, 그 중앙부에 홈을 가공한 것이며, B형 비교시험편은 동(銅) 및 동합금판(K.S D 5201에 규정된)에 니켈도금과 크롬도금을 한 후, 도금면을 바깥쪽으로 해서 굽혀, 도금층에 균열을 발생시킨 다음, 굽혀진 면을 평평하게 만든 것이다.

2-1 시험편의 사용목적

시험편은 침투탐상제의 성능을 비교, 점검하기 위해 사용된다. 탐상제의 성능이

란 탐상제가 갖는 결함검출 특성의 양부(良否)를 나타내는 것으로 탐상제 중 침투액을 예로들면, 침투제의 성능은 액이 갖는 표면장력, 적심성, 유화성 등의 물리적, 화학적 성질과 복잡한 관계가 있어, 그 탐상에 적용되는 특성을 명확하게 수치로 표시하기는 어렵다. 따라서 탐상제의 성능을 아는 것은 표면균열이 있는 시험편을 탐상하여, 그 지시모양을 비교해서 탐상제의 결함검출능력을 종합적으로 판단하는 것이다.

시험편에는 이와같이 탐상검사결과를 비교해서 탐상제의 성능을 알게하기 위해 인공적으로 균열을 만들어 놓은 것이다.

탐상제의 성능을 비교, 점검하는 것은 다음의 2가지 경우가 있다.

1) 탐상제의 선정, 구입시 성능의 비교, 점검 :
   새로운 탐상제를 채용선정할시, 다종의 탐상제 성능을 비교하기 위해 또는 탐상제를 보충하기 위해 구입할 때, 그 성능을 종전의 탐상제의 성능과 비교 확인하기 위한 경우
2) 사용중인 탐상제의 성능의 점검 :
   탐상제를 탱크 등에 넣어 반복해서 사용하는 경우, 탱크 중의 수분, 기름, 광물질의 혼입, 용제의 휘발 등에 의해 서서히 성능이 저하된다. 이 둔화의 정도를 점검하기 위한 경우

기타 K.S 규격에서는 시험편의 사용목적으로 탐상조작의 적당여부를 점검하는데 사용되기도 한다.

탐상제가 적당한 조건에서 사용되지 않으면 그 특성을 발휘할 수 없으며, 또한 사용조건에 의해 특성이 변화하는 것을 생각하면 시험편에 의한 탐상조작의 점검은 넓은 의미에서는 탐상제 성능의 점검 중에 포함되기도 한다.

2-2 시험편의 종류

침투탐상검사에 사용되는 시험편은 전술한 바와같이 K.S B 0816「침투탐상시험방법 및 결함지시 모양의 등급분류」에서 A형과 B형의 비교시험편이 규정되어 있다.

2-2-1 A형 비교 시험편

이 시험편은 그림 4-13에 표시한 것과 같이 알루미늄합금판 표면에 발생한 균열을 이용한 것으로 재료는 K.S D 6701「알루미늄 및 알루미늄합금판 및 조」에

규정한 A 2024P로 한다.

A형 비교시험편의 제조방법은 판의 한쪽면 중앙부를 가스버어너로서 520~530℃로 가열한 후, 가열한 판에 냉수를 부어서 급냉시켜, 터짐을 발생시킨다. 같은 방법으로 반대쪽면에도 터짐을 발생시킨 후 그 중앙부에 홈을 가공한 것이다.

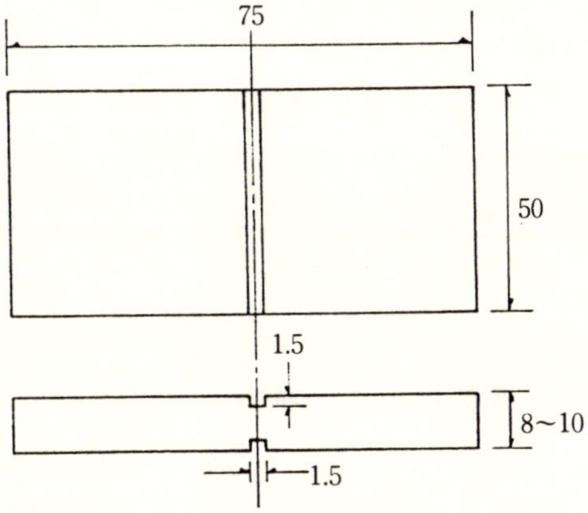

(그림 4-13) A형 비교시험편의 형상 및 치수(KS-D-0816)
〔비고〕: A형 비교시험편은 PT-A의 기호로 표시한다.

최근판 ASME CODE section Ⅴ에서는 상기의 비교 시험편을 분할된 2개의 시편으로 사용토록 개정되었고 그 치수 및 형상은 다음과 같다.

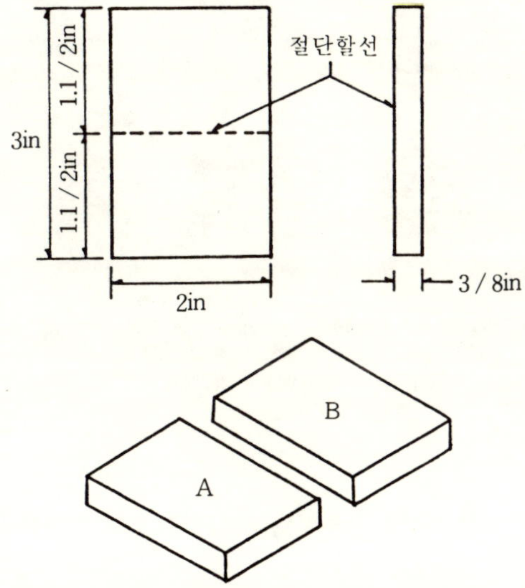

(그림 4-14) ASME 비교시험편의 형상 및 치수
〔비고〕: 주어진 칫수는 권고치이며 절대수치가 아님

급냉에 의해 미세한 소입균열을 발생시킨 시험편은 원주상(円周狀) 모양의 균열이 발생되고 그 중앙부에 홈을 가공하면 양측을 2개조로 하여 사용하나, 홈부분에서 절단한 2편을 1조(組)로 하여도 좋다. 중앙부의 홈은 각각의 면에 적용된 탐상제가 혼합되는 것을 방지하는 목적으로 사용된다.

A형 비교 시험편의 장단점은 다음과 같다.

〔장점〕: 1) 시험편의 제작이 간단하다.

2) 비교적 미세한 균열을 얻으며, 균열의 깊이, 폭에 의해 성능의 차이를 알 수 있다.

3) 시험편의 균열형상이 자연 균열에 가깝고, 재질적으로도 경금속 재료를 사용함으로 탐상제의 성능을 알기위한 비교시험편으로 적당하다.

〔단점〕: 1) 가열, 급냉을 이용하기 때문에 균열의 치수를 조절할 수 가 없다.

2) 재질이 알루미늄합금이기 때문에, 계속 반복 사용하면 균열의 파면이 산화 등으로 재현성(再現性)이 점차 나빠진다.

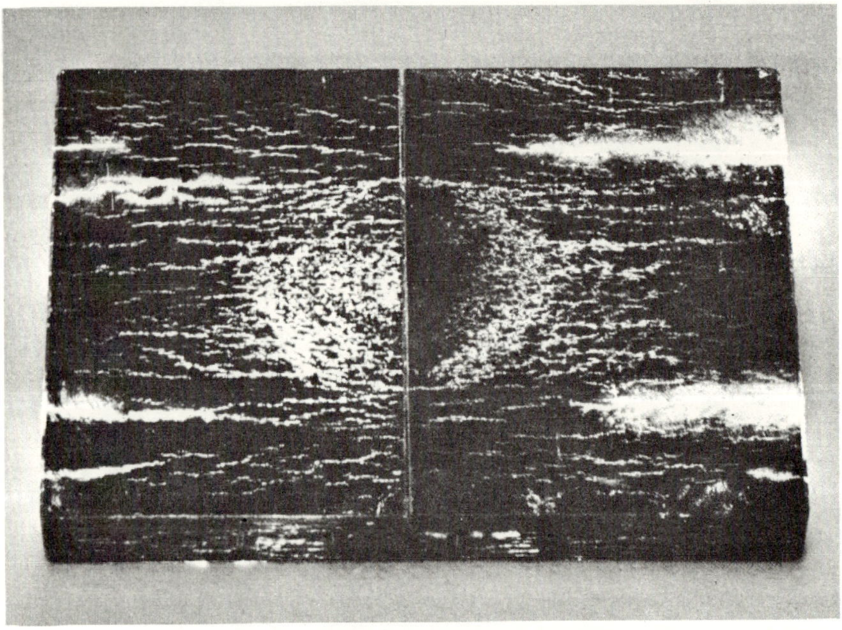

(그림 4-15) 알루미늄 시험편의 형광침투탐상 비교

2-2-2 B형 비교시험편

B형 비교시험편은 도금균열을 이용한 것으로 그림 4-16에 표시한 것과 같은 형상 및 치수를 갖으며, 재료는 K.S D 5201「동 및 동합금판 및 조」에 규정한 C 2600S, C 2680S, C 2720S의 어느 것으로 한다. B형 비교시험편은 길이 100㎜, 폭 70㎜의 황동판에 닉켈도금과 크롬도금을 그림 4-16과 같이 하고, 도금면을 바깥쪽으로해서 굽혀, 도금층에 균열을 발생시킨 다음, 굽혀진 면을 평평하게 한다. 판의 두께는 특별히 규정하지 않는다. 이렇게 균열을 발생시킨 시험편은 판의 중앙에서 균열의 직각방향으로 절단한 2편을 1조(組)로 하여 사용하지만, 절단선에 해당하는 위치에 테이프를 붙이는 등의 적당한 방법으로 칸막이를 하고 그 양쪽 면을 1조로 하여도 좋다.

탐상제의 성능시험은 1조의 비교시험편에서 각각의 면에 비교할 탐상제를 각각 적용하여 동일한 조건의 시험을 시행하고 결함지시모양을 비교하는 것이며, 조작의 적당여부를 조사하기 위한 시험은, 1조의 비교시험편에 동일한 탐상제를 적용하여 다른 조건으로 시험을 시행하고, 결함 지시모양을 비교한다.

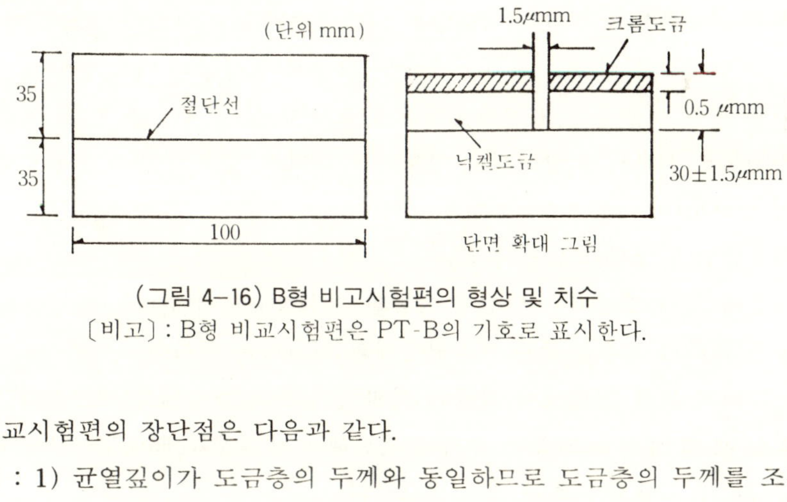

(그림 4-16) B형 비고시험편의 형상 및 치수
〔비고〕: B형 비교시험편은 PT-B의 기호로 표시한다.

B형 비교시험편의 장단점은 다음과 같다.

〔장점〕: 1) 균열깊이가 도금층의 두께와 동일하므로 도금층의 두께를 조정하여 깊이가 일정한 균열을 재현성 좋은 것으로 만들 수 있다.
2) A형 시험편과 비교해서 더 미세한 균열을 만들 수 있다.
3) 장기간 재사용할 수 있다.

〔단점〕: 1) 표면이 매우 매끄러워서 실제와 시험품 표면과는 전혀다르고 또 다수의 균열이 생겨서 보기 흉한 경우가 있다.
2) 도금, 곡률 가공 등에 기술이 요구되고 제작이 쉽지 않다.

2-3 시험편의 사용방법

2-3-1 탐상제 성능의 비교

탐상제에는 세척제(전처리용 포함), 침투제, 유화제 및 현상제가 포함된다. 이것들의 성능을 조사하는 방법을 시험편의 사용목적에서 열거한 2가지 경우에 대하여 설명하기로 한다.

1) 선정 또는 구입시 탐상제의 성능 비교확인

이 경우 탐상제의 비교에는 침투액, 현상액 등의 종류에 의한 차이 또는 제조회사의 제품에 의한 차이를 비교하는 2가지 경우가 있다. 탐상제의 성능은 탐상제의 종류 및 그 조합된 시험품에 따라 결정되기 때문에, 비교시험은 제조회사 또는 품번(Lot No.)의 성능 비교가 주가 된다. 일반적으로 침투제 및 유화제의 조합은 제조회사에 의해 지정(指定) 되는 것이 보통이며, A사의 침투액에 B사의 유화제를 사용해서는 절대로 안된다. 탐상제의 비교는 두가지의 탐상제를 1조(組)의 시험편면에 각각 동일한 또는 지정된 처리조건으로 적용하고 어느쪽이 선명한 지시모양을 나타내는가를 비교한다. 보충하기 위해 구입한 탐상제의 성능을 현재 사용중인 탐상제의 성능과 비교하려면, 구입한 미사용 또는 보관중인 표준탐상제와 비교하여 상기 시험을 한다. 이때 성능의 기준으로 사용되는 탐상제의 성능이 저하되지 않도록 주의해서 보관하는 것이 중요하다.

2) 사용중인 탐상제의 성능 점검

사용에 의해 발생되는 탐상제 성능의 저하정도를 점검하는 방법으로는 미사용한 본래의 성능을 갖는 표준탐상제와 비교하는 것이다.

그러기 위해 전항에서 기술한 것과 동일하게 탐상제를 제조회사로부터 구입할 때 그 일부를 깨끗한 용기에 밀봉해서 냉암소(冷暗所)에 보관하여 표준탐상제로 사용토록 하는 것이 필요하다.

3) 점검방법

사용중인 탐상제는 다음 방법에 따라 성능시험 및 외관(外觀) 시험을 시행하고 성능이 저하되어 있는 경우에는 폐기하여야 한다.

가) 침투액의 점검방법은 다음과 같다.

① 사용중인 침투액의 성능시험을 시행하고, 결함검출능력 및 결함지시모양의 휘도 또는 색 농도가 저하되어 있다고 인정 되었을 경우에는

폐기한다.

② 사용중인 침투액의 외관 검사를 시행하고, 현저한 오탁 또는 침전물이 생기고 있는 경우 및 형광 휘도의 저하, 색상의 변화, 세척성의 저하 등이 인정되었을 경우에는 폐기한다.

나) 유화제의 점검 방법은 다음과 같다.

① 사용중인 유화제의 성능시험을 시행하고, 유화 성능의 저하가 인정되었을 경우에는 폐기한다.

② 사용중인 유화제의 외관 검사를 시행하고, 현저하게 오탁 되거나 침전물이 생긴 경우 및 점도의 상승으로 인한 유화성능의 저하가 인정되었을 경우에는 폐기한다.

다) 현상제의 점검방법은 다음과 같다.

① 사용중인 현상제의 성능시험을 시행하고, 부착 상태의 불균일이 생긴 경우 및 결함지시 모양의 식별이 곤란하고, 현상 성능의 저하가 인정되었을 경우에는 폐기한다.

② 사용중인 건식 현상제의 외관 검사를 시행하고, 현저하게 형광이 잔류되어 있는 경우 및 응집입자가 생겨 현상 성능의 저하가 인정되었을 경우에는 폐기한다.

③ 사용중인 습식 현상제의 외관 검사를 시행하고, 현저한 형광의 잔류가 생기고 있는 경우 및 적정한 농도를 유지할 수 없게 되어, 현상 성능의 저하가 인정되었을 경우에는 폐기한다.

2-3-2 시험편의 후처리(後處理)

시험편을 한번 사용하면 균열에는 침투액, 현상제가 많이 남아있고, 계속 반복 사용할 경우의 재현성을 나쁘게 한다.

따라서, 시험편은 사용 후 즉시 세척하고 남아있는 잔유물을 제거해서 깨끗한 상태가 되도록 하는 것이 절대 필요하다.

잔유물의 제거에는 용제, 화학반응, 가열 등의 방법이 있지만, 시험편의 재질에 가열(加熱), 산(酸), 알카리용액을 사용하는 것은 적당하지 않다.

일반적으로 수증기세척, 유기용제를 사용한 증기세척, 침적, 초음파세척이 사용된다. 이러한 방법들을 조합하면 효과적이다.

B형 시험편은 균열면이 닉켈, 크롬도금이 되었으므로 표면상태가 좋아 세척이 잘된다.

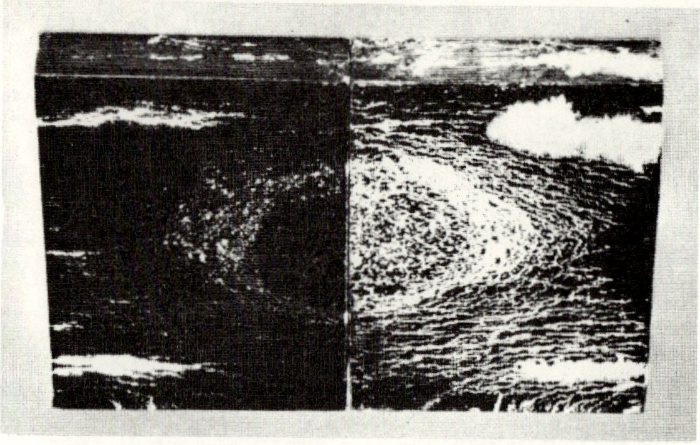

(a) 불량한 침투제 (b) 양호한 침투제

(그림 4-17) 탐상제 점검결과 비교

시험편은 상기와 같이 후처리 세척을 하고, 조심스럽게 취급하면 여러번 재사용할 수 있다.

제 5 장
불연속부의 검출

1. 개　　요

전장(前章)에서는 불연속을 검출할 수 있는 침투탐상방법에 대하여 여러 각도로 검토되고 논의하였다. 즉, 침투탐상이 무엇이며 어떻게 작용하는가, 장단점 및 재료, 장비 그리고 시험절차 등이다.

이 장부터는 불연속부(또는 결함이라고도 한다)를 검출하고, 나타난 지시모양에 의해 결과를 판독하는 사항에 대하여 검토 하기로 한다.

2. 불연속부의 분류

불연속부(Discontinuities)는 여러가지 다른 관점들 및 어떤 용도에 대한 유용함 등으로부터 많은 방법으로 분류될 수 있다.

침투탐상검사에서는 크게 두 가지로 불연속부를 구별하는데 그 한가지는 표면에 열려있는 불연속과 표면하에 존재하는 불연속이 그것이다.

침투탐상검사에서는 표면에 열려있는 대부분의 불연속부를 찾아낼 수 있으나 표면하에 존재하는 열려있지 않은 불연속부는 아무리 큰 것이라도 찾아낼 수 없다.

2–1 표면 결함의 분류

표면에 존재하는 결함을 검출하는 목적으로 자분탐상검사가 기본적으로 적용되고 사용되었으나, 자분탐상검사로는 오직 한가지 종류의 재료에 한하여 적용할 수 있다. 즉, 주철, 철강 그리고 합금강 등의 강자성체에 한한 것이다.

그러나, 침투탐상검사에 의해 찾아낼 수 있는 표면 결함은, 많은 다른 제조공정을 거쳐 만든 넓은 범위의 재료에 적용되고 있으며 예를들어 철, 비철, 프라스틱, 세라믹, 유리 등과 같은 것이다.

또한, 결함을 분류하는 방법으로는 여러가지 방법이 있겠으나 다음과 같이 분류하는 것이 유용한 방법이 될 것이다.

1) 형 태
2) 크기 및 형상
3) 발생근원
4) 발생되는 재료
5) 발생되는 재료의 형상
6) 발생되는 공정에 의한 분류

1) 형태에 의한 분류 :
형태에 의한 결함으로는 표면의 미세하고 빈틈이 없는 결함, 넓고 벌어진 표면결함, 표면에 연계된 기공류, 균열 그리고 무관련 지시모양(또는 의사지시모양) 등으로 분류할 수 있다.

2) 크기 및 형상에 의한 분류 :
상기에서 열거한 미세하고 빈틈이 없는 결함과 넓고 벌어진 결함 등은 불연속부의 크기, 깊이 등과도 관계가 있으며, 불연속부의 크기와 깊이를 나타내는 방법으로 길이(L), 폭(W) 및 깊이(D)의 약자로서 표시하기도 한다.

〔표 5-1〕 길이-폭-깊이 분류코드

Severity Number	Length L	Width W	Depth D
1	.001″ or less	.0001″ or less	.001″ or less
2	.001″ - .005″	.0001″ - .0005″	.001″ - .005″
3	.005″ - .010″	.0005″ - .0010″	.005″ - .010″
4	.010″ - .025″	.0010″ - .0025″	.010″ - .025″
5	.025″ - .050″	.0025″ - .0050″	.025″ - .050″
6	.050″ - .100″	.005″ - .010″	.050″ - .075″
7	.100″ -.25″	.010″ - .025″	.075″ - .100″
8	.25″ - .50″	.025″ - .050″	.150″ - .250″
9	.50″ -1.00″	.050″ - .100″	.150″ - .250″
10	1.00″ or longer	.100″ or wider	.250″ or deeper

상기 표에서 결함의 분류방법으로 L4-W5-D3(또는 4-5-3) 등으로 표시하는 것은, 길이는 0.025", 폭은 0.005" 그리고 깊이는 0.01"를 넘지 않는 결함이라는 것을 뜻한다.

또한, 결함의 형상도 매우 중요한 사항으로 V-노치형상과 U-원형 형상과는 결함의 성격상 매우 다른 의미를 갖는 것이기 때문이다.

3) 발생근원에 의한 분류
이러한 결함의 분류는 자분탐상검사법에서도 이미 설명하였듯이 주물, 주강품에 존재하는 "소재고유결함", 단조, 압연, 기계가공, 열처리, 연마, 용접 등에서 발생되는 "가공중결함", 부식 및 응력 등에 의해 발생되는 피로균열 등의 "사용 중 결함" 등으로 분류된다.

4) 재료에 의한 분류
재료라는 관점으로부터 생각할 수 있는 결함에는 그 재료의 특성에 따라 특수한 형태의 결함이 있다. 예를들면 알루미늄, 마그네슘 등의 표면에 있는 미세한 기공들, 세락믹의 불꽃균열(Firing cracks), 텅스텐 와이어에 있는 심(Seams) 균열 등과 같은 결함은 그 재료에 나타나는 특수한 결함들이다.

5) 재료의 형상에 의한 분류
단조품, 주강품, 압출, 튜빙 등과 같은 여러가지 형상의 재료들은 그 재료의 형상을 만드는 과정에서 종종 특수한 형상의 특성을 갖는 결함이 존재한다. 즉, 단조품에서는 랩(Laps) 또는 터짐(Bursts), 주강품에서는 열간균열(Thermal cracks), 압출시의 째짐(Tears) 등이 이러한 결함의 종류이다.

6) 제조 공정에 의한 분류
이것은 이미 전술한 것과 유사한 방법이나 좀더 구체적으로 분류하면, 주괴(Ingot) 상태, 압연, 단조, 주강, 압출, 인발, 용접, 몰딩(Molding), 열처리, 연마, 기계가공, 판금 등이 이에 속한다.

3. 불연속부의 검출

침투탐상검사법으로 불연속을 검출하는 데 적용되는 방법은 염색침투탐상과 형광침투탐상의 2가지 방법이 있으며 각각 침투제의 적용 및 세척방법에 따라 3가지 방법으로 분류된다는 것을 우리는 이미 알고 있는 사실일 것이다. 또한, 각 방법에 대한 장단점에 대해서도 검토하였으며 여기서는 대표적인 각 결함들의 검출에 대하여 설명하기로 한다.

결함분류의 가장 간단하고 최선의 유용한 방법은 결함이 발생된 재료, 제조 방법 혹은 제조시기 등 보다는 오히려 그들 결함의 특성에 기초하여 분류하는 것이 이장에서의 목적이다. 실제적으로 결함검출력은 다른 어떤 고려사항보다 결함 그 자체의 특성에 더 의존한다.

3-1 검사방법의 선택

결함 그 자체의 특성은 적용되는 침투탐상검사법의 여러가지 방법중 결함의 검출에 대한 방법을 선택하는 가장 중요한 고려사항이다. 그러나 검사의 요구조건을 만족시키기 위해 필요한 감도수준은 똑같이 중요한 것이다. 비파괴검사의 근본적인 목적은, 단순히 결함을 발견하는 것만이 아니고, 제품 또는 재료의 일부가 제품의 작동상 또는 수명에 만족함을 방해하는, 모든 결함이 제거되고 사용되어야 함을 보증해야 하는 것이다.

또한, 검사방법을 선택하기 위해서는 어떠한 환경하에서 나타나는 결함을 발견할 수 있다는 사실을 쉽게 보여주는 것보다, 시험방법의 적용 및 한계에 대해서 더 넓은 지식과 경험이 요구 되어진다.

검사방법을 선택하기 위해서는 다음과 같은 가장 중요한 요인들이 있으며, 재료 및 기법이 주어진 검사문제에 적절하여야 한다.

1) 찾을 결함의 종류 및 크기
2) 검사할 부품의 종류-재질, 크기, 모양, 표면상태 등
3) 제품의 제조형태와 공정-단조, 주강, 기계가공표면 등
4) 예상되는 결함의 형태
5) 검사할 부품의 용도
6) 검사할 부품의 크기와 수량
7) 검사 속도
8) 장비 및 시설의 활용
9) 가 격

3-2 검출되는 결함

3-2-1 일반적인 표면균열

대부분의 표면균열은 "매우 가늘고 폭이 좁은 것(Very fine and Tight)"만도 아니고, "폭이 넓고 벌어져 있는 것(Broad and Open)" 만도 아닌, 두가지의 특성을 함께 갖는 결함이 대부분으로 앞의 두가지 종류의 결함은 치수적 특성의 두 극단을 나타낸 것이다.

이 두 극단적인 형태의 치수적 한계는 얼마인가? 즉, 0.0025㎜ 보다 작은 폭의 균열은 분명히 매우 가늘고 폭이 좁은 것에 속하며, 0.025㎜ 이상의 폭을 갖는 균열은 침투탐상검사의 규정상에서는 특별히 가늘고 폭이 좁은 것이 아니다.

또한, 폭이 넓다거나 벌어져 있다고 하는 용어는 아마 균열의 치수적 암시에 대해 더 관계가 있는 것이다.

균열의 치수가 0.05㎜의 폭과 0.25㎜ 이상의 깊이를 갖는 것은 폭이 넓고 벌어져 있는 균열에 속하지 않지만, 0.05㎜ 이상의 폭과 0.25㎜ 보다 깊지 않은 깊이를 갖는 균열은 폭이 넓고 벌어져 있는 균열에 속한다. 그러므로 결함 중 일반적인 표면 균열에 대한 결정 방안은, 적어도 폭이 0.025㎜ 까지의 것은 폭과 깊이에 관계가 있는 것이다.

침투탐상검사로서 나타나는 거의 모든 결함은 치수적으로 극단적인 것이 아니므로 높은 식별도를 얻는 수세법에 의해 만족하게 찾아낼 수 있다고 생각되며, 보다 미세한 균열을 탐지할 때는 후유화법이 만족스러운 방법이라 할 수 있다.

3-2-2 기 공(氣孔)

만일 기공이 표면하에 넓게 퍼져 있다면, 기계 가공으로 노출시키지 않는 한 침투탐상법으로 찾아낼 수 없다. 그러나 기공도 종종 표면과 연결되는 미세한 통로를 가지는 형태로 나타나며, 이런 형태의 기공은 보통 알루미늄, 마그네슘의 사형주물(砂型鑄物)에서 나타난다. 이러한 기공은 때때로 매우 가늘거나 폭이 좁은 형태로 나타나며, 각각의 기포는 매우 작지만, 가늘거나 폭이 좁은 균열보다는 부피적으로 더 크다.

거의 모든 주조품에서 이러한 결함들은 비교적 쉽게 침투처리되나, 마그네슘, 사형주물에서의 기공은, 산화물 따위에 의해 방해를 받기도 한다.

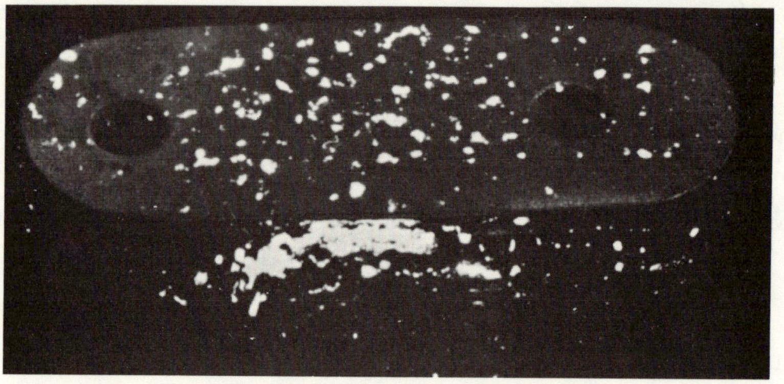

(그림 5-1) 표면기공의 지시모양

침투탐상검사를 하기전에 이러한 산화물을 제거하기 위해 산세척을 하도록 한다. 또한 주조품에 산세척을 행할시는 산의 잔유물을 제거하기 위해 완전세척을 해야하며, 가열・건조시키는 것이 좋다.

3-2-3 표면하 결함

반복되는 얘기지만, 만일 결함이 실제적으로 완전히 표면하에 위치하면 침투탐상법은 적당하지 못하다. 그러나 이러한 표면하 결함을 기계가공 또는 다른 어떤 공정으로 표면에 노출시킨다면 다른 표면 불연속부와 마찬가지로 침투탐상법에 의해 탐지할 수 있다.

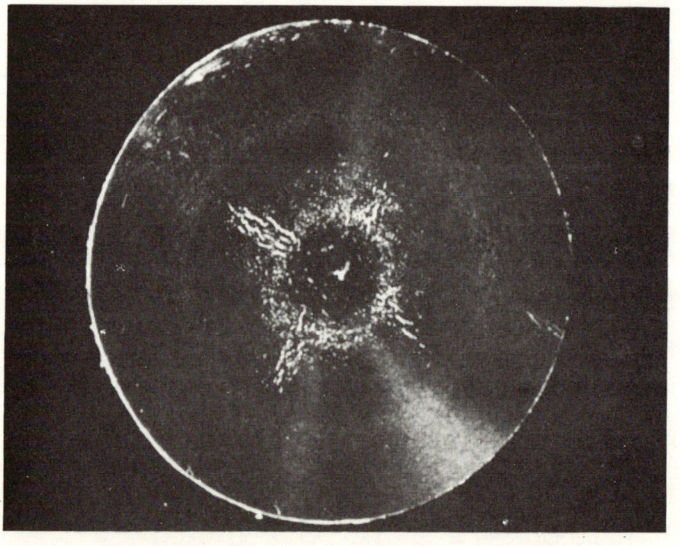

(그림 5-2) 스테인레스강 봉의 터짐 지시모양

예를들어 그림 5-2에서와 같이 스테인레스강 봉의 터짐 현상이 있다. 이것은 단조된 봉을 절단한 것으로 내부터짐은 단조 작업시 발생된 것이며 원판을 만들기위해 절단하였을 때 침투탐상으로 쉽게 탐지될 수 있다

3-2-4 관통균열 혹은 누설부

이 결함은 다른 표면 불연속의 일반적인 종류와는 달리, 한 표면에서부터 다른 반대표면까지 완전하게 이어져 있는 균열 또는 개구부 등으로 분류한다. 이러한 결함은 표면결함과 같이 어느쪽 면에서도 나타날 수 있으며 침투탐상법은 이것을 증명하는 수단으로 쉽게 적용할 수 있다. 즉, 누설 탐상은 침투탐상의 중요한 역할 중의 하나이며 제 7 장에서 다시 세부적으로 설명하기로 한다.

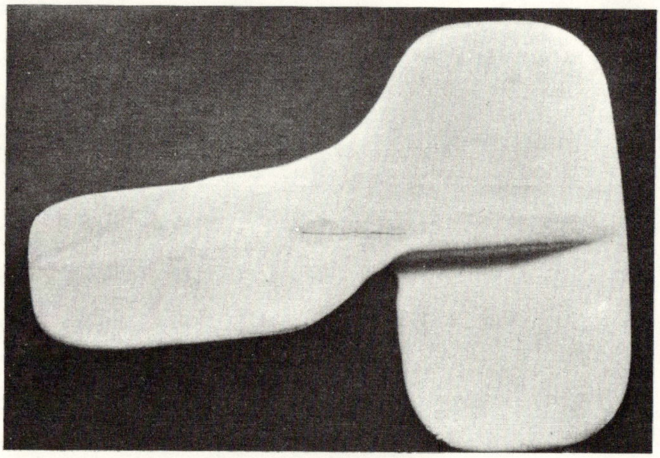

단조랩의 염색침투 지시모양

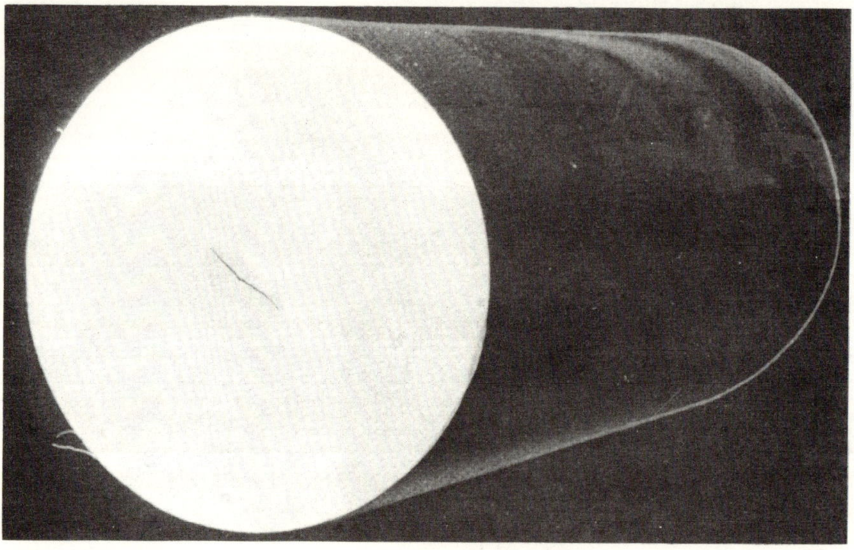

단조터짐의 염색침투 지시모양

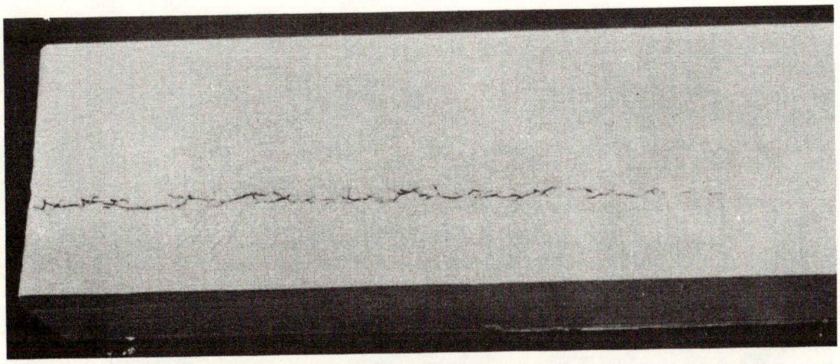

용접 수축균열의 염색침투 지시모양

알루미늄 단조품 균열의 염색침투 지시모양

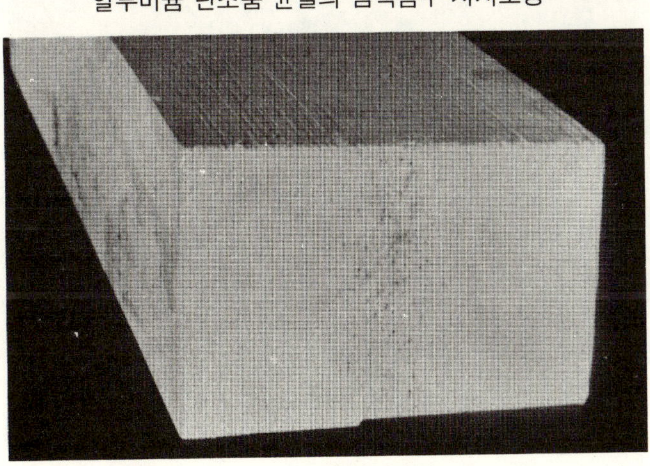

알루미늄의 기공 염색침투 지시모양

가공된 알루미늄판의 기포 형광침투 지시모양

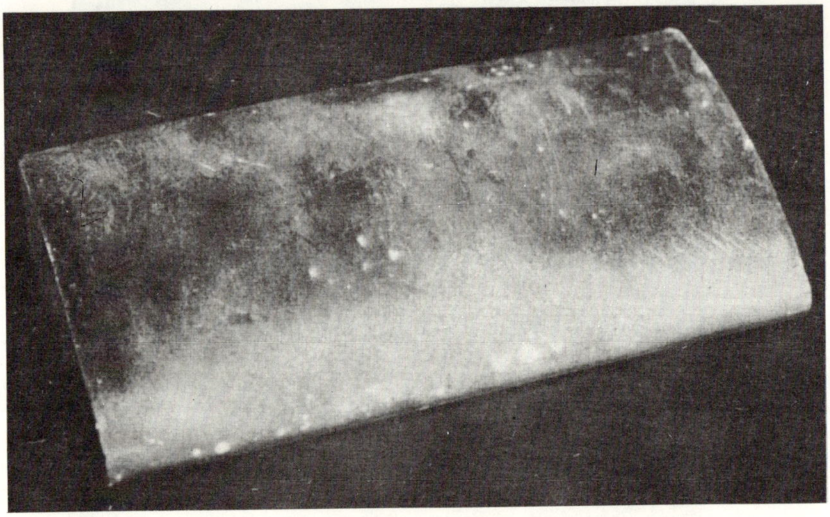

알루미늄 주물의 기공 및 기포 형광침투 지시모양

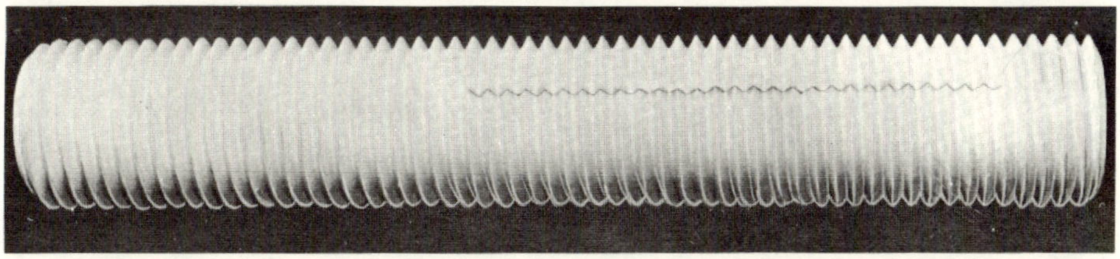

심(Seam)의 염색침투 지시모양

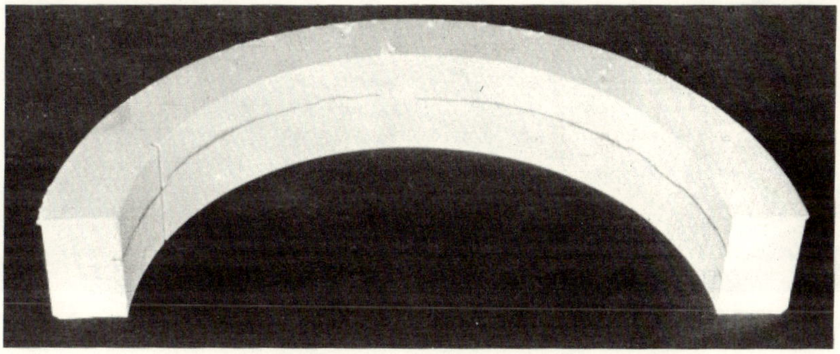

라미네이숀(Lamination)의 염색침투 지시모양

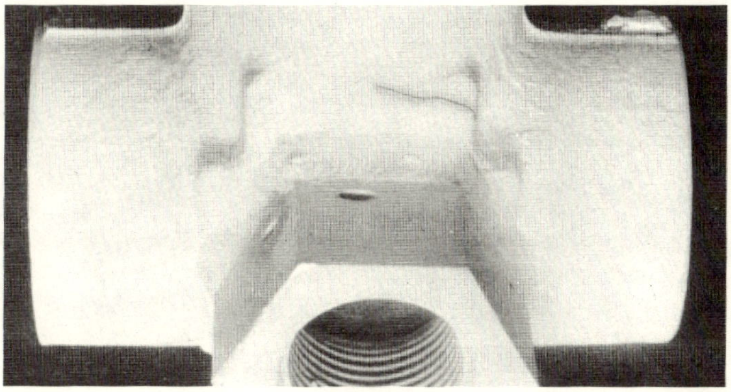

단조랩(Lap)의 염색침투 지시모양

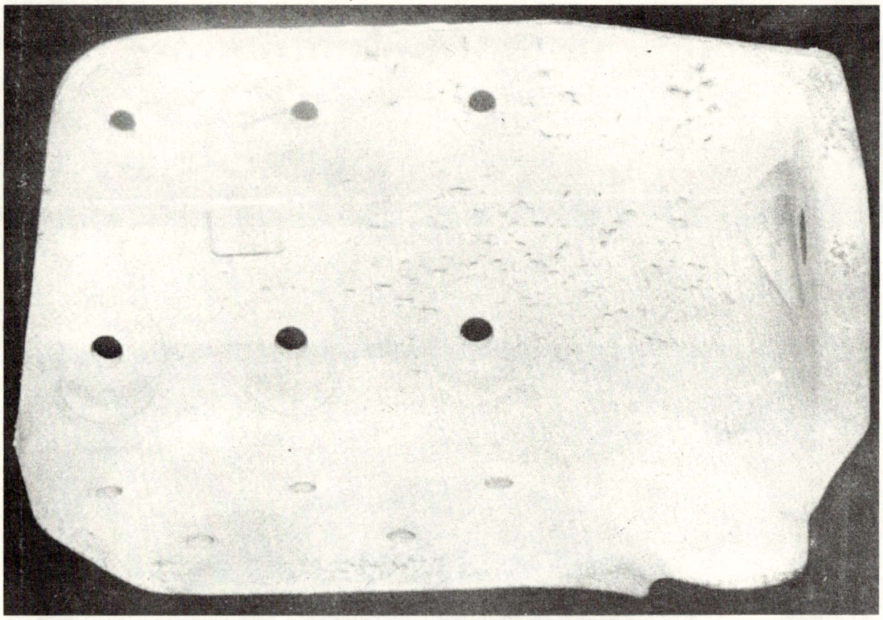

단조품 표면터짐의 염색침투 지시모양

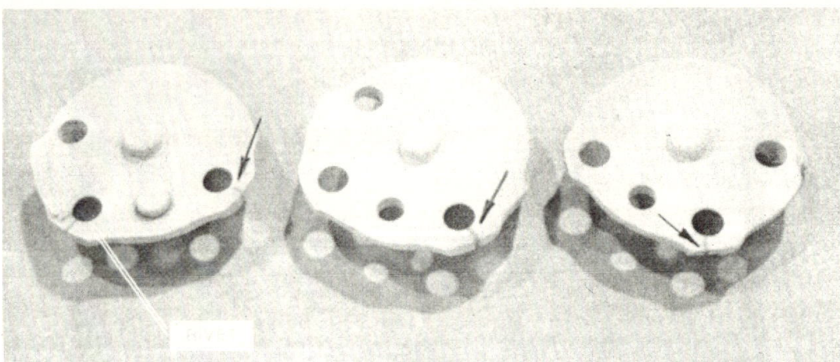

피로균열 및 리벳트에 의한 무관련지시의 염색 침투 지시모양

제 6 장
시험결과의 판독

1. 개 요

모든 비파괴검사는 결함상태를 간접적인 지시모양으로 나타내어 그 상태를 정확히 알려준다. 그러나 지시모양이 나타났다해도 물체내의 실제상태에 대하여 유용한 정보를 얻기전에, 정확한 판독이 우선 되어야 한다.

예를들어 방사선투과검사에 있어서 필름상에 점이나 선등이 나타났다 하더라도 숙련된 기술자가 판독하지 않으면 의미가 없는 것이며, 초음파탐상검사에서 음극선관에 나타나는 반사파 에코나 음향 등으로 물체의 균질성에 대한 변화의 상태를 나타내지만, 이는 숙련된 기술자가 그 상대를 판독해야만 정보로 활용할 수 있는 것이다. 주요 비파괴검사 방법 중에서 자분탐상검사나 침투탐상검사는 실제 결함의 크기와 모양이 직접 관련된 지시모양으로 검사체의 표면에 나타나기 때문에 판독 하기에는 쉽다.

그러나 결함지시 모양이 나타났다고 해서 그 자체로서 어떻게 처리해야 되는가를 직접 알 수 있는 것이 아니므로 정확한 판독이 수반되어야 한다.

2. 판독과 평가

검사원들 중에는 "판독과 평가"에 대하여 혼동하는 사람이 종종있는데 그 차이점은 매우 중요한 것이다. 이 두 용어는 검사과정에 있어서 전혀 다른 단계를 거치며 검사원의 지식과 경험에 있어서도 전혀 다른 범주가 요구된다. "판독"이라 함은 지시의 원인이 되는 조건이 무엇인가에 대하여 결정을 내리는 것을 말한다. 즉, 균열지시모양은 기공, 접착불량 또는 억지 끼워맞춤과 같이 제품조립시 발생되는 표면 불연속에 의해서도 발생될 수 있다.

"평가"는 판독의 다음 단계를 말한다. 어떤 크기와 방향의 균열이 있다는 것을 알고 있다면 제품이 그 상태대로 사용이 허용되건, 보수를 하던 또는 폐기되던간에, 처리 이전에 제품의 유용성에 미치는 균열의 영향에 대한 평가가 이루어져야 한다.

2-1 판독에 필요한 경험

지시모양을 정확히 판독하기 위하여 검사원은 그가 수행하는 검사방법에 완전히 숙련되어야 하며 검사과정이 정확했는가를 알아야 한다. 예로서 형광침투제를 사용할 때, 관찰된 지시모양을 실제 결함으로 나타난 지시인가를 인정하려면, 세척이 완전히 수행되었다는 것을 검사원이 확인해야 하며, 나아가서 지시모양으로부터 모든 가능한 주요정보를 이끌어 낼 수 있어야 하며, 또한 균열이나 기공 또는 비관련지시였다는 것을 밝혀 낼 수 있어야 한다. 검사원이 검사하고자 하는 제품에 관하여 충분한 지식을 갖고 있다면 그의 업무는 쉬워지고 그의 판정은 더욱 신뢰할 수 있게 된다. 검사원은 재질, 제조공정 및 연속되는 여러 공정에 대하여도 알아야 하고, 재질의 결함특성 및 여러 공정 중에 개재될 수 있는 결함들에 대하여도 알아야 한다.

사용중인 제품에 있어서는 재질이 문제점을 충분히 인식하여 피로균열이 잘 발생되는 곳을 알아야 한다. 즉, 어떤 결함이 쉽게 발생되는지 또는 어떠한 위치에서 그러한 결함을 발견할 수 있는지를 알기 위하여 검사원은 제품에 관한 충분한 지식을 가지고 있어야 한다. 또한 검사 대상 제품과 유사한 제품이나 재질의 검사에 경험이 많아서 그 제품에 쉽게 발생되는 결함들에 대하여 익숙해야 한다.

2-2 평가에 요구되는 경험

어떤 크기나 방향을 갖는 균열, 기공 또는 다른 결함들이 존재한다는 것을 알았을 때 제품을 어떻게 처리해야 하는가는 제품을 사용할때 결함이 미치는 영향의 평가에 달려 있다. 이는 응력과 응력분포에 관한 문제로서 제품의 성능을 책임지는 설계자와 엔지니어의 충분한 지식을 요구한다. 제품을 사용할 때 어떤 방향을 갖는 결함이 별로 해롭지 않을 수 있으나 같은 결함이라도 인장응력과 90°를 갖는 방향성을 갖는다면 이 결함은 커다란 문제가 된다.

이와 마찬가지로 제품에서 작은 응력을 받는 부위에 있는 결함은 허용될 수 있지만, 같은 결함이 높은 응력을 받는 부위에 존재한다면 그 제품이 불합격되는 원인이 된다.

이상의 내용을 간추리면 "불연속 중에서 제품의 사용에 해를 끼치는 것만이 결함"이라는 말이 된다. 제품이 사용될 수 있는가 또는 폐기 되어야 하는가를 결정하는 데에는 지시모양의 판독에 대한 지식과 경험뿐 아니라 제품의 사용에 관한 지식이 있어야 한다. 제품의 사용에 관한 지식은 결함의 존재와 특성을 밝히는 비파괴검사와는 근본적으로 관련이 없으며 여러 사람의 판단을 요구하기도 한다.

2-3 검사원의 중요성

정확한 평가는 정확한 판독을 기초로 하기 때문에 검사원은 검사과정에서 가장 중요한 요소가 된다. 다량의 자동검사방법에 있어서는, 장비를 조작하는 사람이 지시모양이 나타난 제품은 선별해내고, 나머지는 그대로 통과시키므로 단순작업이 되지만 대부분의 경우에는 지시를 가장 먼저 관찰하는 검사원이 판독을 하는 것이 바람직하다. 실제로 자격을 인정받은 검사원이 판독 하는 것이 가장 바람직한데 이는 그가 취급해본 제품에 발생될 수 있는 여러 가지 결함지시에 가장 익숙해져 있기 때문이며, 또한 직접 검사를 수행했으므로 검사과정이 적절하게 수행됐는지를 알 수 있고, 검사 중에 일반적으로 적용되는 조건의 변동에 대해서도 가장 잘 알고 있으므로 판독시 이를 고려할 수 있기 때문이다. 검사원은 아주 정직하고 신뢰할 수 있어야 하고, 항상 주의를 게을리 해서는 안되며, 불량품이 나온다고 해서 업무에 싫증을 내서도 안된다. 또한 그가 수행하는 업무의 중요성을 충분히 인식하고 있어야 하며, 지시모양의 발생빈도가 평소보다 적거나 많다면 즉각 그 원인을 규명해야 한다.

검사원은 자신의 검사과정-장비, 시험품, 검사기법-을 점검하여 정상상태와의 편차가 없는지를 확인하고 그러한 정보를 지체없이 공정이나 자재공급을 점검하는 위치에 있는 사람에게 알려야 한다.

3. 침투탐상지시모양의 판독

실제로 침투탐상검사에 있어서의 판독은 비교적 간단하다. 표면 불연속을 제외하고는 침투탐상검사에 의하여 지시가 나타나지 않기 때문에 지시가 나타나는 것은 다음의 두 가지 원인에 의한 것 뿐이다.

1) 표면에 위치한 실제 불연속에 의한 것
2) 세척이 잘못 되었거나 외부 원인으로 인한 오염과 같이 실제 결함과는 관계 없이 표면에 남아있는 침투제에 의한 것

3-1 의사지시(False indication)

침투탐상검사는 자칫하면 의사지시가 생기기 쉬운데 이는 표면 불연속과는 무관한 곳에 형광 또는 염색침투제가 남아 있는 경우이다.

1) 부주의한 세척

의사지시의 가장 일반적인 원인은 부주의한 세척이다. 침투처리 후 과잉의 침투제가 표면에서 완전히 제거되지 않으면, 지시모양 관찰시에 상당한 혼란을 가져온다. 형광침투탐상시 세척후에 자외선등(Black light)을 사용하는 것은 매우 중요한 일인데 이는 제품이 제대로 세척 되었는가를 확인하는 방법이다. 유화제와 세척수로 완전히 씻겨지지 않고 남은 과잉 형광침투제는 표면에 단단히 달라붙어 있지만 습식 현상제나 건식 현상제는 그러한 과잉 침투제의 형광을 거의 잃어 버리는데, 이는 현상제가 침투제를 빨아 올려서 현상제위에 확산시킬 정도의 양이 못되어서 현상제가 침투제를 덮어버리기 때문이다.

염색침투탐상법에 있어서는 일반적으로 솔벤트를 사용하여 완전한 세척이 쉽게 되므로 별문제가 없지만, 현상제가 두껍게 도포되어 제거되지 않은 침투제를 덮어 버리는 경우도 있고, 더러는 현상제가 남아있는 침투제를 빨아 올려서 현상제를 분홍색으로 물들이는 경우도 있다. 수세성 침투제를 사용할 때에도 덜 세척된 침투제가 남아서 현상제를 물들이는 경우가 있다.

2) 외부로부터의 오염

판독시 실제 지시와는 다른 침투제 자국때문에 생기는 혼동을 막기 위하여는 부품 표면의 침투제에 이상을 가져올 수 있는 외부의 원인이 발생되지 않도록 세심한 주의를 기울여야 한다. 그러한 오염의 원인으로는 다음과 같은 것을 들 수 있다.

a) 검사대위에 떨어져 있는 침투제
b) 검사원의 손에 묻어있는 침투제
c) 현상제에 침투제가 오염되어 있는 침투제
d) 어떤 제품의 지시에 있던 침투제가 다른 제품 표면의 깨끗한 부위에 묻는 경우

검사원은 검사장소를 항상 깨끗이 해야하며 상기 원인들로 인한 오염이 발생되지 않도록 상당히 주의를 해야 한다.

또한, 먼지 등을 배제하기 위하여 침투제통이나 기타 검사용 재료에 대해서도 청결을 유지하도록 해야 하며, 세척용 헝겊에서 떨어진 실조각들이 제품의 표면에 붙어서 지시모양과 혼동되기도 하는데 이러한 것에도 주의를 요한다.

3–2 무관련지시(Nonrelevant indication)

의사지시외에도 검사원들이 주의해야 할 것으로는 무관련지시가 있다.

이는 표면 불연속으로 인한 실제지시지만 설계상 존재하도록 되어있는 불연속으로서 결함은 아니다. 이러한 무관련지시의 가장 일반적인 원인은 억지 끼워맞춤, 키홈, 리벳트이음이나 부분용접으로 조립된 부품 사이의 틈새에 의한 것이다.

무관련지시는 조립조건상으로 존재를 알 수 있으므로 구분해 내는 것이 용이하다. 억지 끼워맞춤이 완전히 밀착되어버리는 경우에는 경계선이 육안으로 보이지 않을 수도 있으나 그러한 이음부가 있다는 것을 알고 있으면 그 위치에 나타나는 지시의 원인을 정확히 판정해낼 수 있다.

3–3 표면조건

주물에서는 주물사가 연속된 자국으로 인한 거친 표면이 생기거나 녹이 느슨하게 달라붙어 있는 경우가 있는데 이는 침투제가 스며 있다가 판독시에 나타날 수도 있다. 이러한 지시는 부적당한 세척에 의한 것이 아니라 완전한 표면처리를 못하는데에 기인한다. 그러나 이러한 지시는 정확한 판독을 방해하므로 주의를 해야하며 적절한 전처리를 하므로서 피할 수 있다.

3–4 결함지시

실제 결함지시는 다음의 두 형태로 대별할 수 있다.

1) 균열이나 균열과 유사한 불연속에 의한 선형 지시 모양

2) 기공으로 인하여 반점 또는 불규칙한 모양을 나타내는 지시모양

이들은 크기와 넓이에 있어서는 여러가지이나 실제로 모든 지시를 이상의 2가지로 귀속시킨다.

지시모양이 나타낼 수 있는 것은 지시의 모양뿐 아니라 크기, 침투제 색의 강도 및 침투제의 퍼지는 양(量) 등, 결함을 평가하는데 유용한 정보를 제공한다. 미세한 균열이나 아주 작은 기공은 흩어져 있든, 모여 있든간에 희미한 지시가 나타난다. 균열이 넓고 깊거나, 기공의 공동이 클수록 침투제가 많이스며 있다가 지시를 형성하므로 더 크고 밝으며, 더 빨리 퍼지는 지시모양이 나타난다. 지시를 형성하는 침투제 색의 강도나 퍼짐성을 보면 결함의 표면하(表面下) 크기 및 심각성–균열의 경우에는 깊이, 기공의 경우에는 그 체적–에 대한 정보를 알 수 있다. 또한 지시가 형성되는 속도를 보면 결함에 스며있던 침투제의 양을 추측할 수 있다. 큰 결함은 곧 바로 지시모양을 형성하므로 현상제도 필요가 없지만 미세한 결함은 오랜 현상시간이 지나야 지시모양이 완전히 나타난다. 그림 6–1은 항공기 엔진 피스톤의 피로균열에 대한 형광지시를 나타내고 있다. 중앙에는 넓게 퍼진 아주 밝은 지시가 나타나 있으며 양쪽으로 매우 미세한 지시들이 나타나 있다. 이들은 모두 균열(또는 균열과 유사한 불연속)의 지시이지만 그 폭과 깊이의 차이점이 현저히 나타나고 있다.

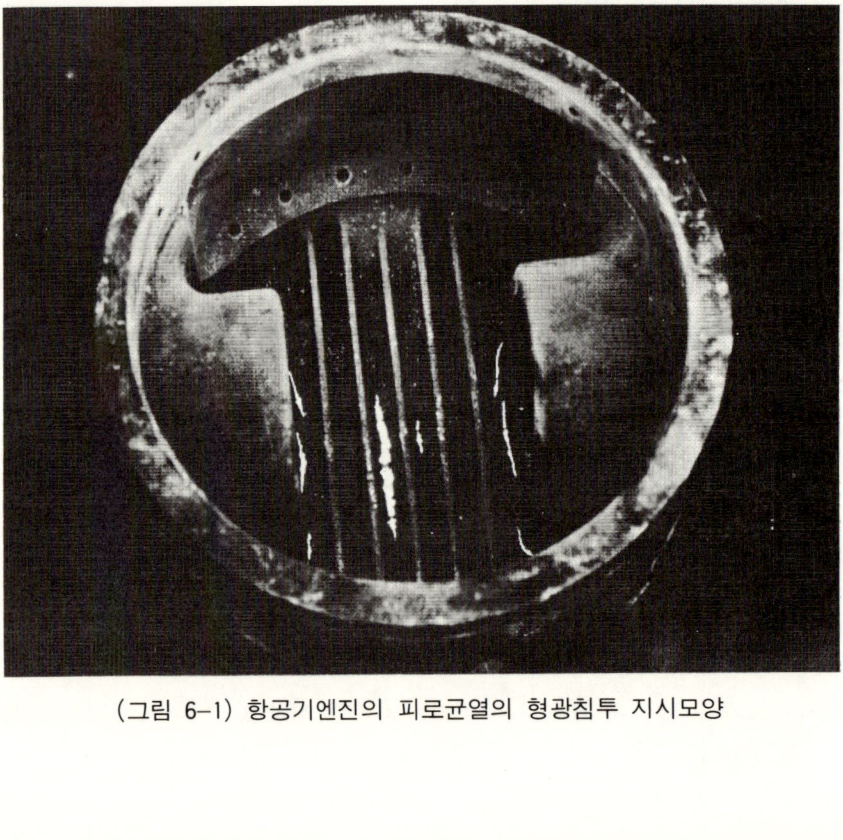

(그림 6–1) 항공기엔진의 피로균열의 형광침투 지시모양

그림 6-2에는 표면기공의 지시가 나타나 있는데 여기에도 지시의 차이가 뚜렷이 나타나서 어떤 것은 미세한 반면, 어떤 것은 상당히 크다.

(그림 6-2) 항공기 주강품의 표면기공 지시모양

3-5 지시모양의 퍼짐 현상

모든 지시는 시간이 지나면서 퍼지게 되지만, 양질(良質)의 침투제는 퍼지는 속도에 한계를 두도록 고안되어 있어서 불연속부를 보다 평가하기 쉽도록 해준다. 큰 균열의 지시는 너무 빨리 퍼져서 균열의 정확한 위치를 알기가 힘들어질 수 있으며 정확한 균열 형태도 관찰하지 못할 수도 있다. 물론 큰 불연속부가 존재한다는 것은 명백하지만 판독에는 오히려 방해가 되는 것이다. 만일 지시모양이 형성되는 과정을 관찰할 수 있다면 지시모양을 적은양의 솔벤트를 사용하여 닦아내고 지시가 얼마나 빨리 재형성되는가를 관찰하기도 하는데, 침투제가 많이 스며들었던 불연속부는 지시가 빨리 재형성될 것이다.

1) 균 열

균열은 길이나 깊이가 여러가지로 나타날 수 있고, 단독결함일수도 있으며, 군(群)을 이루고 있을수도 있다. 심하게 퍼져서 지시가 가려지지 않는다면 균열의 지시는 선형으로 길게 나타나며 길이에 비하여 폭은 상당히 좁게 나타난다. 이 지시모양들은 기공처럼 반점으로 나타나는 지시보다는 쉽게 발견하여 가려낼 수 있다.

2) 기 공

기공은 특성이 여러가지이며 크기 또한 여러가지이고 단독결함일수도 있고 넓게 분산되어 존재할 수도 있다. 알루미늄이나 마그네슘 주물에서의 미세수축공(Micro-shrinkage)은 기공과 비슷하여 그지시모양도 상당히 유사하다.

3-6 추가시험

그 원인이 무엇이든간에 균열은 균열이며, 존재하는 불연속이 균열이라는 사실은 지시모양 및 기타 특성에 의하여 명확히 밝혀질 수 있다. 종종 추가시험을 하므로써 그 발생원인을 쉽게 알아낼 수도 있다. 아주 고운 연마지로 표면을 연마하면 백색광하에서 육안으로 또는 확대경을 통하여 관찰할 수 있는 경우도 있으며, 표면을 약간 부식(Etching)하여 보면 좀 더 자세한 균열의 모양을 볼 수 있을 때도 있다.

균열을 따라 터진 부위의 면을 보면 그 균열에 관한 정보를 더욱 정확히 얻을 수 있다. 균열을 횡으로 잘라서 그 단면을 연마한 후 금속 현미경하에서 관찰하기도 하는데, 이러한 시험은 결함 및 지시에 관한 검사원의 경험을 축적하는데 매우 유익한 일이다. 이 경우에 기사(技師)의 지휘하에 그러한 시험을 수행하여 나타나는 정보의 요점을 설명 들을 수 있다면 더욱 가치있는 일이 될 것이다.

침투탐상검사(어떠한 비파괴검사에 있어서도 마찬가지이다)시 나타난 지시를 적절히 판독하는데에 있어서는 검사원의 폭넓은 지식과 경험이 가장 중요하다는 것을 다시한번 강조한다. 제품이 무엇으로 어떻게 만들어지고 어떤 공정들을 거쳤는지에 대하여 충분한 지식을 가지고 있다면 어떤 결함들이 발생되기 쉬우며 어떤 결함이 발생되지 않는지를 알게되고, 이는 "어디에서 무엇을 찾아야 할지"를 알게해주며, 보다 정확한 판독, 나아가서는 보다 신뢰할 수 있는 검사가 이뤄지도록 해준다.

제 7 장 침투탐상검사의 산업적용

1. 개 요

침투탐상검사는 제 1 장에서 기술하였듯이 표면에 열려있는 결함을 검출하는데 우수한 비파괴검사 방법으로, 자성(磁性) 비자성(非磁性) 재료에 관계없이 이용되고 있다.

단조품, 주조품, 용접제품 등의 제조공정에서의 검사는, 정해진 규격 또는 사양서에 따라서 제조된 것이 규정데로 품질을 만족하고 있는가를 확인하기 위한 목적으로서, 침투탐상검사는 그 목적을 달성하기 위한 수단으로 행하고 있다.

그러나 이때 사용되는 판정기준은 지금까지의 명확한 이론과 함께, 과거에 얻은 경험을 더하고, 주어진 설계조건을 적용함으로 중대한 파괴사고가 발생할 염려가 없다는 판단과 함께 결정되는것이 필요하다.

침투탐상검사는 다른 비파괴검사와 비교해서 설비, 재료가 비교적 단순하다는 장점을 갖고 있지만, 각종의 침투탐상검사법 중에서 어떤 방법을 선택해서 실시하는가는 검사물이 갖는 제조건, 전원 및 수도의 유무, 탐상제의 성능, 작업성, 경제성을 고려해서 결정해야 한다.

이러한 것은 신뢰성이 높은 검사를 수행하기 위해 필요한 것이다.

2. 단조품의 검사

단조품은 금속을 단조, 압연에 의해 성형함과 동시에 단련(鍛鍊)하여 강한 제품이 되는 것으로, 예를들면 선박용 추진축, 차량용 차축, 항공기용 엔진부품, 고압용기, 기계용 스프로켓 등 어느 것이나 사용상태에서 상당히 높은 응력을 받는 구조용 부품으로 사용되고 있다.

2-1 제품검사

검사를 수행하는 경우, 제품이 어떤 공정을 통해 만들어지는가, 어느 부품이 중요한가, 결함은 어떤 부분에 발생하기 쉬운가 등 사전에 알아두는 것이 좋다. 단조품은 형단조를 제외하면, 하나하나가 수주생산품이 대부분이며, 재질, 형상 가공정도, 열처리 조건이 다르기 때문에 특히 이점에 주의해야 한다.

볼트(Bolt)의 검사를 예를 들어 설명하기로 한다.

볼트류는 가공중에 균열이 발생되는 경우가 있어, 건식 현상방법에 의한 수세성 형광침투탐상검사를 사용한다.

검사를 수행할 때 주의할 점은 전처리, 현상처리에 있다.

전처리에서는 나사를 깎는 공정에서 절삭유가 사용되는 경우, 절삭유가 완전히 제거되도록 트리클렌 증기세척을 하는 것이 좋다. 단, 트리클렌은 세척효과가 높지만 처리 후 녹을 발생시키기 쉬운, 독성이 강하므로 취급에 주의해야 하고, 건식 현상제는 나사부에 세척수가 잔유하고 있던가, 현상제가 침투액으로 오염되어 있던가 하는 경우에는 의사지시모양과 결함과의 판별이 어렵기 때문에 주의할 필요가 있다.

2-2 단조품의 보수검사

단조품중 훅크(Hook)를 예로 들어 설명하면, 훅크는 하중이 걸리는 부분에 응력이 집중되고, 피로균열의 발생이 예상되므로 이를 위해 정기적으로 검사를 하고 있다.

응력집중 부분을 중점적으로 현장에서 검사해야 하는 관계로, 속건식현상법에 의한 용제제거성 염색침투탐상검사법이 사용되고 있다.

검사를 수행함에 있어 주의할점은 Hook에 유지(油脂) 또는 이물질이 부착되어 있는가를 확인하고, 침투액이 결함의 내부로 침투되는데 방해되거나 결함지시모양이 나타나지 않아서 잘못판단하도록 하는 경우가 있으므로 이를 위해 전처리를 충분히 행할 필요가 있다.

3. 주조품의 검사

주조(鑄造)는 금속을 높은 온도로 용해했을 때 흐르기 쉬운 성질을 이용해서 복잡한 형상의 물건을 하나의 공정으로 만들 수 있는 극히 유용한 가공법이다. 발전기의 터빈(Turbine), 스크류(Screw), 항공기부품, 대형펌프런너(Pump runner), 밸브(Valve) 등의 각종 제품이 만들어진다.

3–1 제품검사

주조품은 주입(鑄入) 후의 공정으로 압연, 단조 등의 열간가공이 없으므로, 응고중에 생긴결함은 개선할 수 없고, 제품 중에 남아 있기 때문에, 제조공정 중에 할 수 있으면 빠른 단계에서 검사를 행하고, 제품의 품질을 확인하는 것이 필요하다. 주조품의 결함이 나타나기 쉬운 부분은 두께 급변부, 응고 중에 응력이 발생하는 부분 등이 있다.

예를들어 펌프의 케이싱덮개(Casing cover)는 펌프의 형식, 용량 등에 의해 여러가지의 형상, 크기의 물건이 있다.

형상이 복잡한 대형물은 전면탐상을 하지 않으므로 속건식 현상법에 의한 용제제거성 염색침투탐상 시험에 의해 부분탐상을 행한다.

시험을 할 때 주의할 점은, 주조품 표면에 스래그, 스케일, 모래 등이 부착되어 있으면, 의사지시모양이 나타나기 쉽고 미세결함을 식별할 수 없다. 그래서 전처리를 충분히 주의해서 해야 한다. 녹, 스케일 등은 그라인딩 또는 브러쉬(Brush) 등으로 완전히 제거하고, 다음에 결함 내부에 남아있는 기름등을 제거할 필요가 있다. 유기용제를 압축공기에 의해 분무, 에어졸 등에 의한 세척을 하면 이 방법이 능률적으로 결함 내부까지 세척이 가능하다.

그러나, 검사면이 거칠 경우에는 좋은 세척방법이 없으며, 약한 압력으로 세척액을 뿌리고 뿌린 즉시 헝겊으로 닦아내는 방법이 좋으나, 이것은 숙련을 요구하며 과잉세척이 되지 않도록 주의해야 한다.

3–2 주조품의 보수검사

항공기 터빈 브레이드(Turbine brade) 검사를 예를들어 설명하기로 한다.

항공기 부품의 검사는 일반적으로 강자성체의 부품에는 자분탐상검사를, 비자성체 부품에는 침투탐상검사를 적용하지만, 복잡한 형상을 하고 있는 부품은 강자성체의 재료일지라도 자화방법, 탈자 등의 복잡한 과정이 있기 때문에, 침투탐상검사를 적용하는 경우도 있다.

사용중인 터빈 브레이드에 발생하는 결함은 그 대부분이 피로에 의한 미세한 것이다. 터빈 브레이드는 닉켈합금, 닉켈, 코발트합금(Cobalt 合金)으로 만들어지며, 검사의 대상이 되는 결함은 전술한 것과 같이 미세한 결함이 대상으로 되기 때문에 건식현상법에 의한 후유화성 형광침투탐상검사법을 적용한다.

터빈 브레이드 검사는 다량으로 처리하는 경우가 많으므로, 정리용 카고(Cargo)와 함께 처리하면 쉽고, 동일한 조건으로 처리가되어 정확한 시험을 행할 수 있으며, 제품의 손상을 방지할 수 있는 이점이 있다.

후유화성 형광침투탐상 검사의 경우에는 세척과정에서 유화시간의 초과가 과유화(過乳化)의 원인이 되므로 필요에 따라 유화정지를 행하는 것이 좋다.

이 유화정지는 약 40℃의 온수(温水)로 전체에 걸쳐 후세척을 행하면 효과를 얻을 수 있다.

4. 용접품의 검사

용접은 설계의 여부에 따라 단순한 형상의 물건으로부터 비교적 복잡한것까지 제작할 수 있으나, 용접부는 강도적(強度的)으로 강하기 때문에 소형 부품으로부터 탱크 및 압력용기, 선박 등의 대형구조물까지 매우 광범위한 종류의 제품에 사용되고 있다.

4–1 제품검사

용접에는 여러가지 방법이 있고 각각의 용접부는 특징을 갖고 있지만, 어느 경우이던 시행조건이 결함의 발생과 긴밀한 관계를 갖고 있으며, 어떤 용접법을 사용해서 어떤 조건으로 용접하면 발생하기 쉬운 결함의 종류와 부위가 결정되어진다. 따라서 예측되는 결함의 종류와 발생원인, 발생시기로부터 먼저 결함을 발생하는 원인을 제거하는 것, 그리고 결함이 발생하면 가능한 빠른 시기에 제거하는 것이 필요하다. 이를 위해 용접부에는 다음 단계에서 비파괴검사가 요구된다.

1) 개선면 검사
2) 백가우징면의 검사
3) 용접중간층 표면검사
4) 용접완료 후 표면검사

이상의 검사에서 침투탐상검사를 사용하는 경우에는 주로 속건식 현상에 의해 염색침투탐상검사가 사용된다.

이 검사에서 상당히 문제가 되는것이 주조품의 경우 같이 표면의 거칠기이다. 물론 비드(Bead)가 없는 것 또는 있어도 극히 매끄러운 경우에는 문제가 되지 않지만, 탄소강의 용접부 비드면 등에 대해서는 가능하면 가볍게 그라인더를 사용해서 너무 큰 요철(凹凸)로 인한 의사모양의 원인이 되는 것은 제거해야 한다.

또, 용접금속과 모재와의 경계부에서 언더컷(Undercut) 오버랩(Overlap) 등이 발생하는 것은 물론 모재표면과 같이 매끄럽게 그라인더사상을 할 경우에는 문제가 없지만, 사상을 하지 않을 경우에는 이러한 요철부분에 다른 결함(즉, 균열 등)이 포함되어 있지 않다는 것을 확인하기 위하여, 세척, 과잉침투액의 제거, 현상 및 관찰에 주의해야 할 필요가 있다.

특히, 과잉 침투액의 제거가 중요하며, 충분히 제거되지 않으면 균열의 식별이 곤란하게 된다. 이런 경우에는 주조품의 경우와 같이 좋은 세척 방법이 없지만, 약한 압력의 세척액으로 표면을 적신 후 즉시 헝겊 등으로 과잉 침투액을 닦아내는 방법을 고려하여야 한다. 단, 이 경우는 상당한 숙련이 요구되고, 미숙련자가 수행시 용접금속 주변에 존재하는 미세 결함이 검출되지 않는 경우도 있으므로 세심한 주의가 요구된다.

예를들어 압력용기의 노즐(Nozzle) 취부용접부에 대해서 설명하면, 통상의 맛대기 용접부의 경우에는 용접부의 형상이 간단하기 때문에, 용접완료 후 방사선투과검사를 실시하지만, 노즐을 압력용기에 부착하는 경우에는 용접완료 후의 용접부 형상이 복잡하여 방사선투과검사 또는 초음파탐상검사로는 충분한 결함검출 능력을 갖는 검사를 실시할 수 없다고 판단되는 경우가 많다. 이러한 경우에는 일정량의 용접을 할 때마다(즉, 판두께의 1/2 또는 13 mm 가운데 작은쪽의 두께) 표면을 자분탐상 또는 침투탐상 시험으로 검사하고, 그후 용접을 진행시키는 경우에는, 내부 결함으로 잔류할 염려가 있는 것 또는 그것이 원인이 되어 내부 결함을 발생시킬 염려가 있는 것을 제거하면서 용접을 완료시키는 방법을 취해야 한다.

이런 경우에는 구속(拘束)이 크기 때문에 시험 중일지라도 예열온도를 낮출 수 없어서 침투탐상시험을 150℃ 전후로 행하는 경우가 있지만, 특별한 고온용(高温用) 침투탐상제로도 검사물이 고온이기 때문에 침투액의 증발이 많고, 증발열에 의한 균열이 발생하기 쉬우므로 제조업체의 취급 주의사항을 지켜서 사용하여야 한다.

4-2 용접부의 보수검사

각종의 장치, 기기 및 구조물의 용접부는 정기 점검으로 집중적인 검사가 수행되고 있다. 이 경우에는 사용시에 큰 응력이 걸리는 부분, 특히 반복 응력이 걸리는 부분에 대해 주의를 기우려 검사를 행할 필요가 있다. 석유화학 프랜트의 탱크 검사를 예로들어 설명하면, 탱크내에서 침투탐상 검사는 검사환경이 극히 나쁘고, 안전위생면에서도 충분한 검토를 하여, 검사 방법을 결정하여야 한다.

이 검사에서는 속건식 현상법에 의한 용제 제거성 염색침투탐상검사법이 적용되고 있다. 검사를 수행할 때 주의해야 할 점은 침투액, 세척액, 현상액 등 유기성분, 에어졸개스 등이 탱크내에 남아있어 중독, 산소부족 등의 위험이 있으므로 공기의 순환에 충분히 주의하여야 한다.

5. 침투탐상제를 이용한 누설검사

주조품, 용접부 등의 관통결함을 조사하기 위해 침투탐상제를 사용하고 있다.

누설검사의 특징은 다음과 같다.

1) 누설개소의 확인이 용이하다.

2) 가압장치 등의 누설시험용 특수한 기구가 필요없다.

3) 완성품이 되기전의 상태에서도 간단히 누설시험을 한다.

이 누설검사는 압력을 가하는 수압누설검사(Leak testing) 등의 대용으로는 불충분하지만, 검사물의 두께, 시험방법에 따라서는 수압시험에 대해 충분히 대신할 수 있는 방법이다. 그러나 일반적으로 이 누설검사는 정규의 누설검사(즉, 수압, 기압시험 등)의 보조적인 검사로 적용되는 경우가 많다.

검사 절차는 다음과 같다.

1) 전처리
2) 침투처리
3) 현상처리
4) 관 찰

1) 전처리

전장의 전처리항에서 이미 기술한 적절한 전처리를 행하고 침투액이 결함내부에 침투됨을 방해하는 것을 제거해야 한다. 그러나 의사지시모양을 고려할 필요가 없기 때문에 필요 이상으로 표면을 깨끗하게 하지 않아도 좋다. 또 검사물 표면의 거칠기도 그다지 영향이 없기 때문에 고려하지 않아도 좋다.

2) 침투처리

침투액의 적용은 붓으로 칠하던가 또는 분무로 행한다.

용기 등에서 내부에 도포가 어려울 경우에는 침투액을 흘려 넣어 검사개소의 표면이 침투액으로 적셔지도록 하는 것이 좋다.

단, 침투액을 도포할 경우에 주의해야 할 가장 중요한것은 침투액을 도포한 면의 반대측면에 침투액이 묻지 않도록 해야 한다.

이것은 반대측면에 침투액이 묻으면, 관통되어 있는 결함을 통과한 침투액과의 구별이 어렵기 때문이다.

3) 현상처리

침투액을 도포한면의 반대측면에 속건식 현상제를 도포한다. 속건식 현상제를 도포할 때는 침투액의 도포면과 현상제의 도포면이 연결되지 않도록 주의할 필요가 있다. 누설 검사의 현상제 방치시간은 검사물의 두께, 관통된 결함의 종류, 크기, 침투액의 성능 등에 의해 변하므로 어느정도 경험적으로 정하는 것이 좋다.

4) 관 찰

침투탐상검사와 같은 방법으로 관찰한다.

부 록

UDC 620.179.111

한 국 공 업 규 격 KS

침투 탐상 시험 방법 및 결함 지시 모양의 등급 분류 B 0816-1987

Methods for Liquid Penetrant Testing and Classification of Indication

1. 적용 범위 이 규격은 재료 및 제품(이하 시험품이라 한다)의 표면에 갈라져 있는 결함을 검출하는 침투 탐상 시험(이하 시험이라 한다) 방법 및 결함지시 모양의 등급 분류 방법에 대하여 규정한다.

2. 일반 사항

2.1 시험을 실시할 때에는 미리 시험품에 예측되는 결함의 종류와 크기, 시험품의 용도, 표면 거칠기, 수량과 크기 및 탐상제의 성질 등을 고려하여, **4.1**에 규정하는 분류 중에서 적용할 시험방법을 선정하고, 동시에 **4.3**의 규정에 따라 조작의 세목을 정해두는 것으로 한다.

2.2 이 시험에 있어서의 등급 분류는 최종 가공면의 결함 지시 모양에 대하여 적용하는 것으로 하고, 허용등급은 미리 협의한 후 시험품의 용도, 설계 및 시방을 검토하여, 별도로 정해두는 것으로 한다.

2.3 시험 기술자 시험 또는 등급 분류를 하는 사람은, 필요한 자격 또는 이에 상당하는 충분한 지식, 기량, 경험을 가진 사람이어야 한다.

3. 용어의 뜻 이 규격에 사용하는 용어의 뜻은 다음과 같다.

(1) **수세성 형광(또는 염색) 침투액** 물로 세척처리를 하는 형광(또는 염색) 침투액.

(2) **후 유화성 형광 침투액** 유화처리를 한 다음 물로 세척처리를 하는 형광 침투액.

(3) **용제 제거성 형광(또는 염색) 침투액** 세척제로 제거처리를 하는 형광(또는 염색) 침투액.

(4) **유성 유화제** 물을 첨가하지 않고 사용하는 유화제.

(5) **수성 유화제** 물을 첨가해서 사용하는 유화제.

(6) **건식 현상제** 건조된 상태에서 사용하는 흰색의 미세한 가루모양의 현상제.

(7) **습식 현상제** 물에 분산시켜 사용하는 흰색의 미세한 가루모양의 현상제.

(8) **속건식 현상제** 흰색의 미세한 가루를 휘발성의 유기용제에 분산시킨 현상제.

(9) **침투 시간** 침투액을 적용한 다음 유화처리 또는 세척처리를 시작할 때까지의 시간을 말하고, 배액에 필요한 시간을 포함한다.

(10) **배 액** 시험품의 표면의 일부분에 액이 남아있지 않게 하기 위해서 액체를 흘러내리게 하는 조작.

(11) **유화 처리** 유화제를 시험품의 표면에 적용하는 조작.

(12) **유화 시간** 유화제를 적용한 다음 세척처리를 시험할 때 까지의 시간.

(13) **세척 처리** 시험품의 표면에 붙어있는 침투액 및 유화제를 물로 세척하는 조작.

(14) **제거 처리** 시험품의 표면에 붙어있는 용제제거성 침투액을 제거하는 조작.

(15) **세 척 제** 제거처리에 있어서 사용하는 용제.

관련 규격 : KS B 0052 용접 기호
KS B 0161 표면 거칠기
KS D 5201 동 및 동 합금의 판 및 조
KS D 6701 알루미늄 및 알루미늄 합금판 및 조

(16) **현상 시간** 건식 현상법에 있어서는 현상제를 적용한 다음 관찰을 시작할 때까지의 시간. 습식 현상법에 있어서는 현상제가 건조한 때 부터 관찰을 시작할 때 까지의 시간.

(17) **결함 지시 모양** 결함속에 침입한 침투액을 표면에 스며나오게 함으로써 나타나는 지시모양.

(18) **의사(疑似) 지시** 결함 이외의 원인에 의해서 나타나는 지시모양.

4. 시험 방법

4.1 시험방법의 분류 시험방법은 침투액의 종류 및 현상방법에 따라, 표 1 및 표 2와 같이 분류한다.

표 1 침투액의 종류에 의한 시험 방법의 분류

명 칭	방 법	기 호
형광 침투 탐상시험	수세성 형광 침투액을 사용하는 방법	FA
	후 유화성 형광 침투액을 사용하는 방법	FB
	용제 제거성 형광 침투액을 사용하는 방법	FC
염색 침투 탐상시험	수세성 염색 침투액을 사용하는 방법	VA
	용제 제거성 염색 침투액을 사용하는 방법	VC

비 고 후유화성 형광 침투액에 사용하는 유화제에는, 유성 유화제와 수성유화제가 있다.

표 2 현상 방법의 분류

명 칭	현상 방법	기 호
건식 현상법	건식 현상제를 사용하는 방법	D
습식 현상법	습식 현상제를 사용하는 방법	W
	속건식 현상제를 사용하는 방법	S
무 현상법	현상제를 사용하지 않는 방법	N

비 고 시험방법의 표시는 표 1 및 표 2의 기호를 조합한다.

보 기 : FA－W : 수세성 형광 침투액을 사용하고, 습식 현상제를 적용하는 방법.

4.2 시험의 절차 시험의 절차는 표 3에 표시한 순서로 한다.

표 3 시험의 절차

사용하는 침투액과 현상제의 종류		시험방법의 기호	시험의 절차									
			전처리	침투처리	유화처리	세척처리	제거처리	건조처리	현상처리	건조처리	관찰	후처리
수세성 형광 침투액	－ 건식 현상제	FA－D	○	○		○		○	○		○	○
수세성 형광 침투액 또는 수세성 염색 침투액	－ 습식 현상제	FA－W VA－W	○	○		○			○	○	○	○
수세성 형광 침투액 또는 수세성 염색 침투액	－ 속건식 현상제	FA－S VA－S	○	○		○		○	○		○	○
수세성 형광 침투액	－ 사용하지 않는다	FA－N	○	○		○		○			○	○
후유화성 형광 침투액	－ 건식 현상제	FB－D	○	○	○	○		○	○		○	○
후유화성 형광 침투액	－ 습식 현상제	FB－W	○	○	○	○			○	○	○	○

표 3 (계속)

사용하는 침투액과 현상제의 종류	시험방법의 기호	시험의 절차									
		전처리	침투처리	유화처리	세척처리	제거처리	건조처리	현상처리	건조처리	관찰	후처리
후유화성 형광 침투액 — 속건식 현상제	FB－S	○	○	○	○		○	○		○	○
용제 제거성 형광 침투액 — 건식 현상제	FC－D	○	○			○		○		○	○
용제 제거성 형광 침투액 또는 용제 제거성 염색 침투액 — 습식 현상제	FC－W VC－W	○	○			○		○	○	○	○
용제 제거성 형광 침투액 또는 용제 제거성 염색 침투액 — 속건식 현상제	FC－S VC－S	○	○			○		○		○	○
용제 제거성 형광 침투액 — 사용하지 않는다	FC－N	○	○			○				○	○

4.3 시험의 조작

4.3.1 전 처 리 전처리는 다음과 같이 실시한다.

(1) 시험품에 침투액을 적용하기 전에, 침투액이 결함 내부로 침투하는 것을 방해하는 유지류, 도료, 녹, 스케일, 더러움 등, 표면의 부착물 및 결함속에 남아있는 유지류나 수분 등은, 충분히 제거 하여야 한다.

(2) 전처리 방법은 부착물의 종류와 정도 및 시험품의 재질을 고려하여, 용제에 의한 세척, 증기 세척, 도막 박리제, 알칼리 세제, 산 세척 등의 방법으로 실시한다.

(3) 시험품의 일부분을 시험하는 경우에는, 시험하는 부분에서 바깥쪽으로 최소한 25mm 범위까지 전처리를 한다.

(4) 처리후에는 용제, 세척액, 수분 등을 충분히 건조시켜야 한다.

4.3.2 침투 처리 침투처리는 다음과 같이 실시한다.

(1) 침투액은 시험품의 수량, 치수, 모양 및 침투액의 종류에 따라 침지, 스프레이, 붓칠 등의 방법으로 적용하는 것으로 하고, 침투에 필요한 시간동안 시험하는 부분의 표면을 침투액으로 적셔 두어야 한다.

(2) 침투에 필요한 시간은 침투액의 종류, 시험품의 재질, 예측되는 결함의 종류와 크기 및 시험품과 침투액의 온도를 고려하여 정한다. 일반적으로는 15～50 ℃의 범위에 있어서는 표 4에 표시된 시간을 기준으로 한다.

3～15 ℃의 범위에 있어서는 온도를 고려하여 시간을 증가시키고, 50 ℃를 초과하는 경우 또는 3 ℃ 이하의 경우에는 침투액의 종류, 시험품의 온도 등을 고려하여 별도로 정한다.

(3) 유화 또는 세척처리를 하기전에 시험품의 표면에 부착되어 있는 여분의 침투액은 배액한다.

수성 유화제를 사용하는 경우의 배액은 물 분사로 한다. 그 경우의 수압은 특별한 규정이 없는한 140 kPa {1.4 kgf/cm²} 이하로 한다.

표 4 침투시간과 현상시간 (최소 시간)

재 질	형 태	결함의 종류	모든 방법의 침투액	
			침투 시간 (분)	현상 시간 (분)
알루미늄, 마그네슘, 철강, 황동, 청동, 티타늄, 내열합금	주조품, 용접물	탕계, 기공, 융합부족 (모든 형태)	5	7
	압출봉, 단조, 판	랩, 균열(모든 형태)	10	7
카바이드 팁붙이 도구		융합부족, 기공, 균열	5	7
플라스틱	모든 형태	균 열	5	7
유 리	모든 형태	균 열	5	7
세 라 믹	모든 형태	균 열	5	7

4.3.3 유화 처리 유화처리는 다음과 같이 실시한다.

(1) 유화제는 침지, 부어주기, 스프레이 등으로 적용하며, 균일한 유화처리를 하는 것으로 한다.

(2) 유화시간은 유화제 및 침투액의 성질·상태와 시험품의 표면 거칠기를 고려하여 정한다. 그 경우, 유화시간은 세척처리를 확실히 실시할 수 있는 범위내의 최소 시간으로 하고, 원칙적으로 유성 유화제를 사용할 때에는 2분 이내로, 수성 유화제를 사용할 때에는 5분 이내로 설정한다.

4.3.4 세척처리와 제거처리 세척처리와 제거처리는 다음과 같이 실시한다.

(1) 세척처리와 제거처리는 시험품의 표면에 부착되어 있는 여분의 침투액 만을 제거하는 것으로 하고, 결함속에 침투되어 있는 침투액이 흘러나올 만큼 지나치게 세척하여서는 안된다. 형광 침투탐상 시험에 있어서는 자외선을 쬐어 세척의 정도를 관찰하면서 세척하는 것으로 한다.

(2) 수세성 및 후유화성 침투액은 물로 세척한다. 스프레이 노즐을 사용하는 경우의 수압은, 특별히 규정이 없는 한 340 kPa (3.5 kgf/cm²) 이하로 한다.

(3) 용제 제거성 침투액은 세척제로 제거한다. 특히 제거처리가 곤란한 경우를 제외하고, 원칙적으로 세척제를 스며들게 한 천 또는 종이를 사용하여 닦아내는 것으로 하며, 시험품을 세척제에 침지시키거나, 세척제를 다량으로 적용하여서는 안된다.

4.3.5 건조 처리 건조처리는 다음과 같이 실시한다.

(1) 습식 현상제를 사용하는 경우에는 4.3.6(2)의 처리를 한 다음, 시험품의 표면에 부착되어 있는 현상액을 빨리 건조시킨다.

건식 또는 속건식 현상제를 사용하는 경우에는, 현상처리를 하기 전에 건조처리를 한다. 그 경우 시험품의 표면에 부착되어 있는 수분을 건조시키는데 그친다.

또한, 건조온도는 시험품의 표면온도가 52 ℃를 초과하지 않도록 한다.

(2) 세척제로 제거한 경우에는 자연건조 또는 마른 천 혹은 종이로 닦아내는 것으로 하고, 가열건조를 하여서는 안된다.

4.3.6 현상 처리 현상처리는 다음과 같이 실시한다.

(1) 건식 현상법에 있어서는 4.3.5(1)의 처리를 한 다음, 건식 현상제를 적당한 방법으로 시험품 전체를 균일하게 뿌려서 소정의 시간동안 유지한다.

(2) 습식 현상제의 경우에는 시험품을 세척 처리한 다음, 그대로 습식 현상제 속에 침지시키거나, 스프레이 또는 붓칠의 어느 한가지 방법으로 적용하여, 여분의 현상액을 빨리 배액하고 4.3.5(1)의 처리를 한다.

(3) 속건식 현상제를 적용하는 경우에는 4.3.5(1)의 처리를 한 다음, 현상액을 스프레이 또는 붓칠로

적용하는 것으로 하고, 현상제 속에 시험품을 침지시켜서는 안된다. 현상제를 적용한 후에는 자연 건조시킨다.

(4) 습식 및 속건식 현상제를 적용하는 경우에는, 시험품의 표면이 희미하게 보일 정도로 얇고 균일하게 도포하는 것으로 하고, 같은 곳을 여러번 다시 도포해서는 안된다.

(5) 현상시간은 현상제의 종류, 예측되는 결함의 종류와 크기 및 시험품의 온도를 고려하여 정한다. 일반적으로는 15 ~ 50 ℃의 범위에 있어서는 표 4에 표시한 시간을 기준으로 한다.

4.3.7 관 찰 관찰은 다음과 같이 실시한다.

(1) 지시모양의 관찰은 현상제 적용 후 7 ~ 30 분 사이에 실시한다. 만약, 지시모양의 크기에 변화가 없을 때에는 그 이상 시간이 경과해도 관계없다.

(2) 형광 침투탐상 시험에서는, 관찰하기전에 5 분 이상 어두운 곳에서 눈을 적응시킨 다음, 시험품의 표면에 있어서 강도 800 μW/cm 이상의 자외선을 조사하면서 관찰한다. 염색 침투탐상 시험에서는 350 lx 이상의 가시광선 밑에서 관찰한다.

(3) 지시모양이 나타났을 때는, 결함지시 모양이 의사지시인가를 확인해야 한다. 불명확 할 때는 재시험하든가, 그 부분을 확대해서 관찰하든가 또는 다른 방법으로 조사한다.

4.3.8 재 시 험 시험의 중간 또는 종료 후, 다음과 같은 사항에 해당되는 것이 판명되었을 경우에는, 시험을 처음부터 다시 하여야 한다.

(1) 조작방법에 잘못이 있었을 경우.

(2) 지시모양이 진정한 결함으로 인한 것인지, 의사지시 인가를 판단하기 곤란한 경우.

(3) 그밖에 필요하다고 인정되는 경우.

또한, 8.에 규정하는 결함 지시모양의 등급 분류에 있어서 판단하기 어려운 경우에는, 재시험 또는 다른 적절한 시험방법에 의하여 확인하여야 한다.

4.3.9 후 처 리 시험완료 후, 시험품의 표면에 부착하고 있는 현상제가 시험품을 부식시킬 우려가 있을 때, 또는 시험품의 마모를 증가시킬 염려가 있을 때 등 필요한 경우에는 현상제를 제거한다. 제거는 솔질, 공기 스프레이, 물 스프레이, 천 또는 종이로 닦아내는 등의 방법에 의한다.

5. 시험장치 및 탐상제

5.1 시험 장치

5.1.1 시험에 사용하는 장치는 침투장치, 예비 세척장치(수성 유화제를 사용하는 경우에만 필요), 유화장치 및 유화 정지장치(FB에만 필요하다), 세척장치, 현상장치, 건조장치, 암실(FA, FB, FC에만 필요하다), 자외선 조사장치(FA, FB, FC에만 필요하다)로 구성된다. 다만, 형광 침투 탐상시험에 있어서는, 시험에 지장이 없는 범위에서 자외선 조사장치 이외의 장치를 생략하여도 좋다.

또한, VC－S에 있어서는 특별히 규정이 없는 한 장치를 사용하지 않아도 좋다.

5.1.2 각 구성장치는 4.3의 각 조작을 일정한 조건으로 안정하게 실시할 수 있는 것으로 한다.

5.1.3 침투장치 및 유화장치는 액조 또는 도포하는 기구로 구성되며, 시험품 표면의 여분의 침투액 및 유화제를 배액시키기 위한 대, 또는 시험품을 매어다는 기구를 갖추어야 한다.

또한, 유화 정지장치는 세척조로 구성된다.

5.1.4 수세성 및 후유화성 침투액을 사용하는 경우의 세척장치 및 수성 유화제를 사용하는 경우의 예비 세척장치는 스프레이 노즐 등 흐르는 물로 세척하는 기구를 가지며, 수압 및 유량을 가감할 수 있는 구조로 한다.

또한, 필요에 따라 수조 및 일정한 온도의 온수로 만들 수 있는 가열장치를 부가한다. 형광 침투액을 사용하는 경우의 세척장치는, 자외선 조사(照射) 장치를 비치하는 것으로 한다.

5.1.5 건조장치는 원칙적으로 소정의 온도로 열풍에 의해 건조할 수 있는 것으로 하고, 휴대용의 것을 제외하고 온도 조절장치를 부가하는 것으로 한다. 다만, 시험에 지장이 없다고 인정되는 경우에는 간편한 방법으로 건조하여도 좋다.

5.1.6 습식 및 속건식 현상장치는, 교반 등에 의하여 현상액 속의 현상제를 소정의 분산 상태로 유지하

는 구조로 한다.

또한, 건식 현상장치는 현상제가 외부로 비산(飛散) 하지 않는 구조로 한다.

5.1.7 암실은 결함의 지시모양을 뚜렷하게 식별할 수 있는 어두운 상태로 하고, 자외선 조사장치를 비치한다.

5.1.8 자외선 조사장치는 파장이 320 ~ 400 nm의 자외선을 조사하여 **4.3.7(2)** 의 규정을 만족하는 자외선 강도를 갖는 것이어야 한다.

5.2 탐 상 제

5.2.1 탐상제는 침투액, 유화제(FB에만 필요하다), 세척액(FC, VC에만 필요하다) 및 현상제로 구성한다.

5.2.2 탐상제는 그 종류와 방법에 대응하여, 결함을 검출하는데 충분한 성능을 가지며, 시험품에 대하여 부식성이 없고, 인체에 해롭지 않는 것이어야 한다.

6. 비교 시험편

6.1 A형 비교 시험편 A형 비교 시험편은 **그림 1**에 표시한 것과 같이 하고, 재료는 **KS D 6701** (알루미늄 및 알루미늄 합금판 및 조)에 규정한 A 2024 P로 한다.

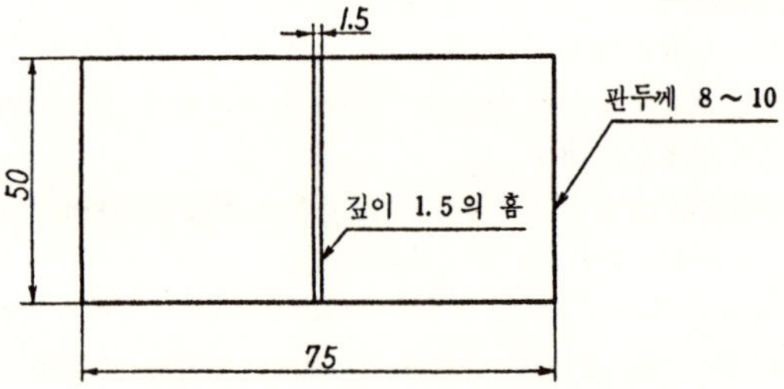

비 고 A형 비교 시험편은 PT－A의 기호로 표시한다.

그림 1 A형 비교 시험편

A형 비교 시험편의 제조방법은, 판의 한쪽 면 중앙부를 분젠 버어너로 520 ~ 530 ℃로 가열하고, 가열한 면에 냉수를 부어서 급냉시켜 터짐을 발생시킨다. 같은 방법으로 반대쪽의 면에도 마찬가지로 하여 터짐을 발생시켜, 그 다음에 중앙부에 홈을 가공하는 것으로 한다.

6.2 B형 비교 시험편 B형 비교 시험편은 **그림 2**에 표시한 것과 같이 하고, 재료는 **KS D 5201**(동 및 동 합금의 판 및 조)에 규정한 C 2600 S, C 2680 S, C 2720 S, C 2801 S의 어느 것으로 한다.

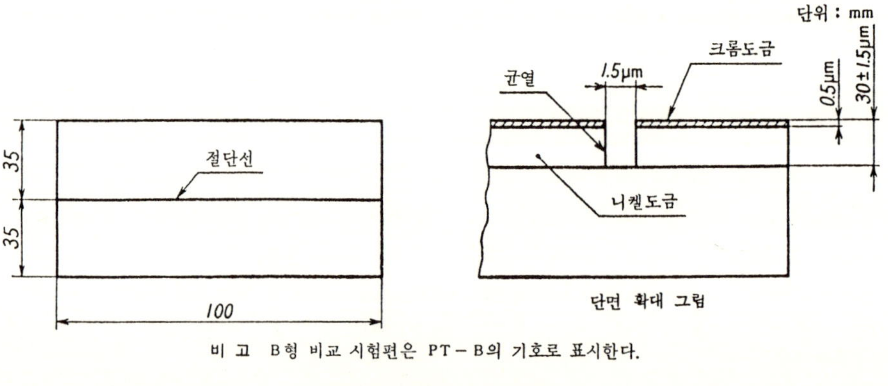

비 고 B형 비교 시험편은 PT－B의 기호로 표시한다.

그림 2 B형 비교 시험편

B형 비교 시험편은 길이 100 mm, 나비 70 mm의 판에 니켈도금과 크롬도금을 그림 2와 같이 실시하고, 도금면을 바깥쪽으로 해서 굽혀 도금층에 균열을 발생시킨 다음, 굽혀진 면을 평평하게 한다.

6.3 비교 시험편의 사용 방법

6.3.1 비교 시험편은 탐상제의 성능 및 조작방법의 적당 여부를 조사하는데 사용한다.

6.3.2 A형 비교 시험편은 원칙적으로 홈을 사이에 끼운 양쪽의 면을 1조로 하여 사용하지만, 홈 부분에서 절단한 2편을 1조로 하여도 좋다.

6.3.3 B형 비교 시험편은 원칙적으로 균열에 대하여 직각방향에 절반으로 절단한 2편을 1조로 하여 사용하지만, 절단선에 상당하는 위치에 적당한 방법으로 칸막이를 하고 그 양쪽면을 1조로 하여도 좋다.

6.3.4 탐상제의 성능시험은 1조의 비교 시험편의 각각의 면에 비교할 탐상제를 각각 적용하여 동일 조건의 시험을 실시하고, 결함 지시모양을 비교한다.

6.3.5 조작의 적당 여부를 조사하기 위한 시험은, 1조의 비교 시험편에 동일한 탐상제를 적용하여 다른 조건으로 시험을 실시하고, 결함 지시 모양을 비교한다.

7. 탐상제의 점검 및 보수

7.1 점 검 사용 중의 탐상제의 점검은, 원칙적으로 기준 탐상제와 비교하여 적시에 실시하는 것으로 한다. 기준 탐상제는 탐상제를 구입할 때, 그 일부를 깨끗한 용기에 채취하여 보존한 것을 말한다.

7.2 점검 방법 사용 중의 탐상제는 다음 방법에 따라 성능시험 및 겉모양 시험을 하고, 성능이 저하되고 있는 경우에는 폐기하여야 한다.

7.2.1 침투액의 점검 방법 침투액의 점검 방법은 다음과 같다.

(1) 사용 중의 침투액의 성능시험을 6.3.4에 따라 실시하고, 결함 검출능력 및 결함 지시모양의 휘도 또는 색 농도가 저하되어 있다고 인정되었을 경우에는 폐기한다.

(2) 사용 중의 침투액의 겉모양 검사를 실시하고, 현저하게 오탁되거나 또는 침전물이 생기고 있는 경우 및 형광 휘도의 저하, 색상의 변화, 세척성의 저하 등이 인정되었을 경우에는 폐기한다.

7.2.2 유화제의 점검 방법 유화제의 점검 방법은 다음과 같다.

(1) 사용 중의 유화제의 성능시험을 6.3.4에 따라 실시하고, 유화성능의 저하가 인정되었을 경우에는 폐기한다.

(2) 사용 중의 유화제인 겉모양 검사를 실시하고, 현저하게 오탁되거나 또는 침전물이 생기고 있는 경우 및 점도의 상승으로 인한 유화성능의 저하가 인정되었을 경우에는 폐기한다.

7.2.3 현상제의 점검 방법 현상제의 점검 방법은 다음과 같다.

(1) 사용 중의 현상제의 성능시험을 6.3.4에 따라 실시하고, 부착 상태의 불균일이 생긴 경우 및 결함 지시모양의 식별성이 없어지고, 현상성능의 저하가 인정되었을 경우에는 폐기한다.

(2) 사용 중의 건식 현상제의 겉모양 검사를 실시하고, 현저하게 형광의 잔류가 생기고 있는 경우 및 응집입자가 생겨 현상성능의 저하가 인정되었을 경우에는 폐기한다.

(3) 사용 중의 습식 현상제의 겉모양 검사를 실시하고, 현저한 형광의 잔류가 생기고 있는 경우 및 적정한 농도를 유지할 수 없게 되고, 현상성능의 저하가 인정되었을 경우에는 폐기한다.

7.3 보 수

7.3.1 기준 탐상제 및 사용하지 않은 탐상제 등은, 용기에 밀폐하여 차갑고 어두운 곳에 보관하여야 한다.

7.3.2 용제 제거성 침투액 및 세척제, 속건식 현상제는 밀폐한 용기에 보관하여야 한다.

7.3.3 탐상제를 개방된 장치로 사용할 때에는 먼지, 불순물의 혼입을 방지하도록 조치하여야 한다.

8. 결함 지시 모양의 등급 분류

8.1 등급 분류의 순서 등급 분류는 다음의 순서에 따라 한다.

(1) 결함 지시 모양의 등급 분류는, 4.1 ~ 4.3에 표시한 방법에 따라 결함을 검출한 다음에 실시한다.

(2) 결함 지시 모양의 등급 분류를 할 때에는, 시험면에 나타난 지시모양이 의사모양이 아닌 것을 확인한

다음 실시한다.

8.2 결함 지시 모양의 종류의 분류 침투 탐상 시험에서 얻어진 결함 지시모양을 모양 및 집중성에 의해 다음의 3종류로 분류한다.

(1) **선상 결함 지시모양** 결함 지시모양에 있어서 그 길이가 나비의 3배 이상인 것.

(2) **원형상 결함 지시모양** 결함 지시모양에 있어서 선상 결함 지시모양 이외의 것.

(3) **분산 결함 지시모양** 결함 지시모양이 일정한 영역에 여러개 존재하는 것.

8.3 결함 지시모양의 등급분류

8.3.1 선상 결함 지시모양 및 원형상 결함 지시모양의 등급분류는 그 길이에 따라 표 5와 같이 한다.

표 5 선상 결함 지시모양 및 원형상 결함 지시모양의 등급분류

등급 분류	결함 지시모양의 길이
1 급	1 mm 초과 2 mm 이하
2 급	2 mm 초과 4 mm 이하
3 급	4 mm 초과 8 mm 이하
4 급	8 mm 초과 16 mm 이하
5 급	16 mm 초과 32 mm 이하
6 급	32 mm 초과 64 mm 이하
7 급	64 mm 초과

8.3.2 분산 결함 지시모양의 등급분류는, 면적 2500 mm^2인 사각형 안에 존재하는 길이 1 mm를 초과하는 결함 지시모양의 길이의 합계치에 따라 표 6과 같이 한다. 이 경우, 사각형의 1변의 최대 길이는 150 mm로 한다.

표 6 분산 결함 지시모양의 등급분류

등급 분류	결함 지시모양의 길이의 합계
1 군	2 mm 초과 4 mm 이하
2 군	4 mm 초과 8 mm 이하
3 군	8 mm 초과 16 mm 이하
4 군	16 mm 초과 32 mm 이하
5 군	32 mm 초과 64 mm 이하
6 군	64 mm 초과 128 mm 이하
7 군	128 mm 초과

8.3.3 결함 지시모양이 거의 동일 선상에 연속해서 존재하고, 그 상호간의 거리가 2 mm 이하인 경우에는, 상호간의 거리 및 길이를 포함하여 연속된 하나의 결함 지시모양으로 간주한다. 다만, 결함 지시모양 중, 어느 것이든 짧은 쪽의 길이가 2 mm 이하인 경우에는, 결함 상호간의 거리가 앞서 말한 짧은 쪽의 결함 지시모양의 길이 이상 떨어져 있으면, 독립된 결함 지시모양으로 간주한다.

9. 결과의 표시 및 기록

9.1 지시모양의 기록 결함 지시모양은 필요에 따라 사진, 스케치, 전사 등에 의하여 기록한다.

9.2 표 시 이 시험을 실시한 시험품으로서, 특히 표시가 필요한 것에 대하여는 다음의 요령에 따라 표시를 한다. 표시는 그 후의 취급에 의하여 없어질 염려가 있어서는 안된다.

9.2.1 전수 검사의 경우 합격품의 각각에 대하여 다음의 표시를 한다.

(1) 각인 또는 부식에 의한 표시를 할 경우에는, P의 기호를 사용한다.

(2) 각인 또는 부식에 의한 표시를 하기 곤란한 경우에는, 착색(엷은 다색)에 의하여 P의 기호로 표시를 하여도 좋다.

(3) 시험품에 P의 기호 표시를 하기 곤란한 경우에는, 엷은 다색으로 착색하여 표시를 한다.

(4) 시험품에 표시를 할 수 없는 경우에는 다른 방법에 따른다.

9.2.2 샘플링 검사의 경우 합격한 로트의 모든 시험품에 대하여, **9.2.1**에 준하여 Ⓟ의 기호 또는 착색(노란색)으로 표시한다.

9.2.3 결함이 존재하는 시험품에는, 결함의 존재위치를 도료, 분필 등으로 나타낸다.

9.3 시험 기록 시험 기록을 작성하는 경우에는, 다음 사항을 기재하는 것으로 한다.

(1) **시험년 월 일**

(2) **시 험 품**

(a) 품 명

(b) 모양·치수

(c) 재 질

(d) 표면 상태 (1)

(3) **시험 방법의 종류** **4.1**의 분류에 따른다.

(4) **탐 상 제** 침투액, 유화제 (2), 세척액, 현상제의 명칭, 각 탐상제를 **7.1**, **7.2**에 따라 점검한 경우에는 점검방법과 결과.

(5) **조작 방법**

(a) **전처리의 방법** **4.3.1(2)**에 따른다.

(b) **침투액의 적용 방법** **4.3.2 (1)**에 따른다.

(c) **유화제의 적용 방법**(2) **4.3.3(1)**에 따른다.

(d) **세척방법 또는 제거 방법** 스프레이 또는 닦아내기 등.

(e) **건조방법** 열풍, 자연건조 또는 닦아내기 등.

(f) **현상제의 적용 방법** **4.3.6(1), (2)** 또는 **(3)**에 따른다.

(6) **조작 조건**

(a) **시험시간의 온도**(3) 시험장소의 기온 및 침투액의 온도.

(b) **침투 시간** **4.3.2(2)**에 따른다.

(c) **유화 시간**(2) **4.3.3(2)**에 따른다.

(d) **세척수의 온도와 수압**(4) **4.3.2(3)** 및 **4.3.2(2)**에 따른디.

(e) **건조온도 및 시간**(5) **4.3.5(1)**에 따른다.

(f) **현상시간 및 관찰시간** **4.3.6(5)** 및 **4.3.7(1)**에 따른다.

(7) **시험 결과**

(a) **균열의 유무**

(b) **결함 지시모양의 위치와 모양** **9.1**에 따른다.

(c) **결함 지시모양의 등급분류** **8.**에 따른다.

(8) **시험 기술자**

(a) 성명 및 취득한 자격

주 (1) **KS B 0161** (표면 거칠기)의 표시방법에 따른다.
또한, 용접부에 대하여는 **KS B 0052** (용접 기호)의 용접 기호에 따른다.

(2) 후 유화성 침투액을 사용하는 경우에 기재한다.

(3) 기온 및 액온이 15 ℃ 이하 또는 50 ℃ 이상인 경우에는 반드시 기재한다.

(4) 수세성 또는 후 유화성 침투액을 사용하는 경우에 기재한다.

(5) 수세성 혹은 후 유화성 침투액을 사용하는 경우, 또는 용제 제거성 침투액을 사용하고, 습식 현상제를 적용하는 경우에 기재한다.

◆ ASME 규격 중 침투탐상 검사 관련규격 ◆

STANDARD PRACTICE FOR LIQUID PENETRANT INSPECTION METHOD

SE-165

[Identical with ASTM E 165-80 (1983)]

1. Scope

1.1 This practice covers procedures for liquid penetrant inspection of materials. Liquid penetrant processes are nondestructive testing methods for detecting discontinuities that are open to the surface. They are applicable to in-process, final, and maintenance inspection. They can be effectively used in the inspection of nonporous metallic materials, both ferrous and nonferrous, and of nonporous, nonmetallic materials such as ceramics, plastics, and glass. Discontinuities open to the surface such as cracks, seams, laps, cold shuts, laminations, through leaks, or lack of fusion are indicated by these methods.

1.2 This recommended practice also provides a reference:

1.2.1 By which the liquid penetrant inspection processes recommended or required by individual organizations can be reviewed to ascertain their applicability and completeness.

1.2.2 For use in the preparation of process specifications dealing with the liquid penetrant inspection of materials and parts. Agreement by the purchaser and the manufacturer regarding specific techniques is strongly recommended.

1.2.3 For use in the organization of the facilities and personnel concerned in the liquid penetrant inspection.

1.3 This recommended practice does not indicate or suggest standards for evaluation of the indications obtained. It should be pointed out, however, that after indications have been produced, they must be interpreted or classified and then evaluated. For this purpose there must be a separate code or specification or a specific agreement to define the type, size, location, and direction of indications considered acceptable, and those considered unacceptable.

2. Applicable Documents

2.1 *ASTM Standards*:

D 129, Test for Sulfur in Petroleum Products (General Bomb Method)

D 808 Test for Chlorine in New and Used Petroleum Products (Bomb Method)

D 1193 Specification for Reagent Water

E 270 Definitions of Terms Relating to Liquid Penetrant Inspection

E 433 Reference Photographs for Liquid Penetrant Inspection

3. Summary

3.1 Liquid penetrant inspection methods provide a means for the detection of discontinuities that are open to the surface. In general, a liquid penetrant is applied evenly over the surface of the part being tested and allowed to enter discontinuities. After a suitable dwell time, the excess surface penetrant is removed and the part dried. A developer is then applied which draws the entrapped penetrant out of the discontinuity, staining the developer. The test part is then inspected visually to determine the presence or absence of indications.

3.2 The selection of a particular method and type of penetrant inspection procedure depends upon the nature of the application, conditions under which the inspection is to be performed, availability of processing equipment, and type of materials to perform the inspection.

3.3 Processing parameters, such as precleaning, penetration time, etc., are determined by the specific materials used, the nature of the part under inspection (that is, size, shape, surface condition, alloy), type of discontinuities expected, etc. Liquid penetrant inspection methods indicate the presence, location, and, to some extent, the nature and magnitude of the detected discontinuities.

4. Definitions

4.1 The definitions relating to liquid penetrant inspection, which appear in Definitions E 270, shall apply to the terms used in this recommended practice.

5. Classification of Methods and Types of Materials

5.1 Liquid penetrant inspection materials (see Notes 1, 2, and 3) consist of fluorescent and visible penetrants, emulsifiers (oil-base and water-base; fast and slow acting), solvent removers, and developers. A family of liquid penetrant inspection materials consists of the applicable penetrant, emulsifier, solvent remover, and developer, as recommended by the manufacturer. Intermixing of materials from various manufacturers is not recommended. Caution: The inspection materials used should not adversely affect the parts tested.

NOTE 1—Refer to 7.1 for special requirements for sulfur and chlorine content.

NOTE 2—These materials can be flammable or emit hazardous and toxic vapors. Observe all manufacturers' instructions and precautionary statements.

NOTE 3—A penetrant that produces both fluorescent and vivid color contrast visible indications is a dual-purpose penetrant. Such a penetrant may be used according to either Method A (5.2.1) or Method B (5.2.2). The caution note in 5.2.1 is also applicable to dual-purpose penetrants.

5.2 Liquid penetrant inspection methods and types are classified as indicated in Table 1.

5.2.1 *Method A*—Fluorescent penetrant inspection procedures are categorized as (*1*) water-washable (Procedure A-1), (*2*) post-emulsifiable (Procedure A-2), and (*3*) solvent-removable (Procedure A-3). **Caution:** Fluorescent penetrant inspection shall not follow a visible penetrant inspection unless the procedure is qualified in accordance with 8.2. Fluorescent penetrant inspection utilizes penetrants that fluoresce brilliantly when excited by black light (see 6.8.1.1). The sensitivity of fluorescent penetrants depends on their ability to be retained in the various size discontinuities during processing, then to bleed out into the developer coating and produce indications that fluoresce brilliantly. Fluorescent indications are many times brighter than their surroundings, hence easily visible.

5.2.1.1 ***Water-Washable Penetrants*** are designed to be directly water-washable from the surface of the test part, after a suitable penetration (dwell) time. Because the emulsifier is "built in" to the water-washable penetrant, it is extremely important to exercise proper process control in removal of excess surface penetrant to assure against overwashing. Water-washable penetrants can be washed out of discontinuities if the rinsing step is too long or too vigorous.

5.2.1.2 ***Post-Emulsifiable Penetrants*** are designed to be insoluble in water and cannot be removed with water rinsing alone. They are designed to be selectively removed from the surface of a part by the use of a separate emulsifier to aid in the removal of excess surface penetrant. The emulsifier properly applied, and when given a proper emulsification time, combines with the excess surface penetrant to form a water-washable mixture, which can be rinsed from the surface of the part, leaving the surface of the part free of fluorescent background. The penetrant that remains within the discontinuity is not as subject to overwashing. Proper emulsification time must be experimentally established and maintained to assure that over-emulsification does not occur, resulting in loss of indications.

5.2.1.3 *Solvent-Removable Penetrants* are designed so that excess surface penetrant can be removed by wiping with clean, lint-free material, and repeating the operation until most traces of penetrant have been removed. The remaining traces shall be removed by wiping the surface with clean, lint-free material lightly moistened with the solvent remover. This type is intended primarily for portability and for localized areas of inspection. To minimize removal of penetrant from discontinuities, care shall be taken to avoid the use of excess solvent. Flushing the surface with solvent to remove the excess penetrant is prohibited.

5.2.2 *Method B*—Visible penetrant inspection makes use of a penetrant that can be seen in visible light. The penetrant is usually red in color so that the indications produce a definite contrast with the white background of the developer. The visible penetrant process does not require the use of black light as in the case of the fluorescent penetrant process. Visible penetrant indications must be viewed, however, under adequate white light (see 6.8.2). Visible penetrant inspection procedures are categorized as (*1*) water-washable (Procedure B-1), (*2*) post-emulsifiable (Procedure B-2), and (*3*) solvent-removable (Procedure B-3).

5.2.2.1 *Visible Water-Washable Penetrants* are designed to function as described in 5.2.1.1.

5.2.2.2 *Visible Post-Emulsifiable Penetrants* are designed to function as described in 5.2.1.2.

5.2.2.3 *Visible Solvent-Removable Penetrants* are designed to function as described in 5.2.1.3.

5.3 *Emulsifiers* are liquids used to emulsify the excess oily penetrant on the surface of the part, rendering it water washable (6.5.3). There are two basic types of emulsifiers:oil-base and water-base (detergent removers), both of which can act over a range of time from a few seconds to several minutes, depending on part surface, viscosity, concentration, and chemical composition.

5.3.1 *Oil-Base or Lipophylic Emulsifiers* are normally used as supplied and are either slow or fast acting, depending on viscosity and chemical composition. High-viscosity emulsifiers are generally slower acting than low-viscosity emulsifiers. Oil-base emulsifiers function by diffusing (dissolving) into the excess penetrant on the surface of the part and rendering it water-washable; rate of diffusion establishes emulsification time.

5.3.2 *Water-Base or Hydrophylic Emulsifiers* (detergent-type removers) are normally supplied as concentrates to be diluted with water and used as a dip or spray. Water-base emulsifiers function by displacing the excess penetrant film from the surface of the part through detergent action. The force of the water spray or air agitation of open dip tanks provides the scrubbing action while the detergent displaces the film of penetrant. The emulsification time will vary, depending on the concentration of the detergent in water.

5.4 *Solvent Removers* function by dissolving the penetrant, making it possible to wipe the surface clean and free of residual penetrant as described in 6.5.4.

5.5 *Developers*—Development of penetrant indications is the process of bringing the penetrant out of discontinuities through blotting action of the applied developer, thus increasing the visibility of the penetrant indications.

5.5.1 *Dry Powder Developers* are used as supplied (that is, free-flowing, noncaking powder) in accordance with 6.7.5. Care should be taken not to contaminate the developer with fluorescent penetrant, as the specks can appear as indications.

5.5.2 *Aqueous Wet Developers* are normally supplied as dry powders to be suspended or dissolved in water, depending on the type of aqueous wet developer.

5.5.2.1 *Aqueous Suspendible Developers* are suspensions of developer particles in water. The concentration, use, and maintenance shall be in accordance with manufacturer's recommendations (see 6.7.6).

5.5.2.2 *Aqueous Soluble Developers* are supplied as soluble powders that are dissolved in water, used at concentrations as recommended by the manufacturer (see 6.7.6).

5.5.3 *Nonaqueous Suspendible Developers* are supplied as suspensions of developer particles in nonaqueous solvent carriers ready for use as supplied. They are applied to the part by spraying after the excess penetrant has been removed and the part has dried. The nonaqueous developers are applied by conventional or electrostatic spray guns or by aerosol spray cans. This type of developer is not intended for immersion (dip-tank or flow-on) application. Nonaqueous wet developers form a white coating on the surface of the part when dried, which serves as a contrasting background for visible penetrants and developing media for fluorescent penetrants.

5.5.4 *Liquid Film Developers* are solutions or colloidal suspensions of resins/polymer in a suitable carrier. These developers will form a transparent or translucent coating on the surface of the part. Certain types of film developer may be stripped from the part and retained for record purposes.

6. Procedure

6.1 The following general processing procedures apply (see Figs. 2, 3, and 4) to both the fluorescent and visible penetrant inspection methods (see Fig. 1): As a standard technique, the temperature of the penetrant materials and the surface of the part to be processed should be between 60 and 125°F (16 and 52°C). Where it is not practical to comply with these temperature limitations, qualify the procedure at the temperature of intended use as described in Section 8 and agreed to by the contracting parties.

6.2 *Surface Conditioning Prior to Penetrant Inspection*—Satisfactory results can usually be obtained on surfaces in the as-welded, as-rolled, as-cast, or as-forged conditions. However, surface preparation by grinding or machining is necessary when surface irregularities might mask the indications of unacceptable discontinuities, or otherwise interfere with the effectiveness of the examination. (See Annex A1.1.1.7 for general precautions relative to surface preparation.)

6.3 *Cleaning of Parts and Materials:*

6.3.1 *Precleaning*—The success of any penetrant inspection procedure is greatly dependent upon the surface and the discontinuity being free of any contaminant (soils) that might interfere with the penetrant process. All parts or areas of parts to be inspected must be clean and dry before the penetrant is applied. "Clean" is intended to mean that the surface must be free of any rust, scale, welding flux, spatter, grease, paint, oily films, dirt, etc., that might interfere with penetration. All of these contaminants can prevent the penetrant from entering discontinuities. Residues from cleaning processes can adversely react with the penetrant and reduce its sensitivity and performance greatly. Acids and chromates in particular greatly reduce the fluorescence of many penetrants. If only a section of a part, such as a weld, is to be inspected, the adjacent area within 1 in. (25.4 mm) of the surface to be inspected must also be cleaned. (See Annex A1 for more detailed cleaning methods.)

6.3.2 *Drying After Cleaning*—It is essential that the parts be thoroughly dry after cleaning, since any liquid residue will hinder the entrance of the penetrant. Drying may be accomplished by warming the parts in drying ovens, with infrared lamps, forced hot air, or exposure to ambient temperature. Part temperatures shall not exceed 125°F (52°C) prior to application of penetrant.

6.4 *Penetrant Application*—After the part has been cleaned, dried, and cooled to approximate ambient temperatures (125°F (52°C) maximum), apply the penetrant to the surface to be inspected so that the entire part or area under inspection is completely covered with penetrant.

6.4.1 There are various modes of effective application of penetrant such as dipping, brushing, flooding, or spraying. Small parts are quite often placed in suitable baskets and dipped into a tank of penetrant. On larger parts, and those with complex geometries, penetrant can be applied effectively by brushing or spraying. Both conventional and electrostatic spray guns are effective means of applying liquid penetrants to the part surfaces. Electrostatic spray application can eliminate excess liquid buildup of penetrant on the part, minimize overspray, and prevent penetrant from entering hollow-cored passages which can serve as penetrant reservoirs and cause severe bleedout problems during inspection of the part. Aerosol sprays are also very effective and a convenient means of application. With spray applications, it is important that there be proper ventilation. This is generally accomplished through the use of a properly designed spray booth and exhaust system.

6.4.2 After application, allow excess penetrant to drain from the part (care should be taken to prevent pools of penetrant on the part), while allowing for proper penetrant dwell time (see Table 2).

6.4.3 The length of time the penetrant must remain on the part to allow proper penetration will be as recommended by the penetrant manufacturer. Table 2 however, provides a guide for selection of penetrant dwell times for a variety of materials, their form, and types of discontinuity. If penetrant characteristics are materially affected by a prolonged dwell time, as evidenced by difficulty in removing the excess, reapply the penetrant for the original prescribed dwell time.

6.5 *Removal of Excess Penetrant:*

6.5.1 After the required penetration time, remove the excess penetrant as described in 6.5.2 for water-washable penetrants, 6.5.3 for post-emulsifiable penetrants, and 6.5.4 for solvent-removable penetrants.

6.5.2 Water-washable penetrants can be removed directly from the part with water washing; they do not require an emulsification step. Remove excess penetrant using manual, semi-automatic, automatic water spray, or immersion equipment. The degree and speed of removal will depend on such processing parameters as water pressure, water temperature, and duration of rinse cycle. The inherent removal characteristics of the penetrant employed, as well as the surface condition of the part, will also affect the speed and degree of removal. It is important that the water-rinsing operation be controlled.

6.5.2.1 Water pressure should be constant and should not exceed 50 psi (345 kPa) (30 psi (205 kPa) is an average value). Generally, a coarse spray is recommended.

6.5.2.2 Maintain the temperature of the water at a relatively constant temperature. Most water-washable penetrants can be removed effectively within a water-wash temperature range from 60 to 110°F (16 to 43°C), but for consistent results, maintain them at the temperature recommended by the penetrant supplier.

6.5.2.3 The duration of the rinse cycle will depend on the inherent removal characteristics of the penetrant, the surface condition of the part, and the water spray pressure and temperature employed; determine it experimentally for the particular application. The optimum time will be evident when no interfering background remains.

6.5.2.4 Avoid overwashing; excessive washing can cause penetrant to be washed out of discontinuities. Perform the rinsing operation for Method A under black light so that it can be determined when the surface penetrant has been adequately removed.

6.5.2.5 In special applications, where water rinse facilities are not available, penetrant removal may be performed by wiping the surface with a clean, absorbent material dampened with water until the excess surface penetrant is removed.

6.5.3 Post-emulsifiable penetrants are not directly water washable; they require the use of an emulsifier (oil or water base). After the required penetration time, emulsify the excess penetrant on the part by dipping, flooding, or spraying the parts with the required emulsifier (the emulsifier combines with the excess penetrant and makes the mixture removable with water rinsing). After application of the emulsifier, drain the parts in a manner that prevents the emulsifier from pooling on the part.

6.5.3.1 Emulsification dwell time begins as soon as the emulsifier has been applied. The length of time that the emulsifier is allowed to remain on the part and in contact with the penetrant is dependent on the type of emulsifier employed (fast acting, slow acting, oil base, or water base) and the surface condition of the part (smooth or rough). ***Nominal emulsification time should be as recommended by the manufacturer.*** Determine experimentally the actual emulsification time for each specific application. The surface finish (roughness) of the part is a significant factor in the selection of and in the emulsification time of an emulsifier. In general, it can range from a few seconds to several minutes, depending on the activity of the emulsifier.

6.5.3.2 Effective rinsing of the emulsified penetrant from the surface of the part can be accomplished using either manual, semi-automatic, or automatic water spray or immersion equipment. For Method A, perform the water rinsing operation under black light so that it can be determined when the surface penetrant has been adequately removed. Residual background should be minimal so that it does not interfere with the inspection of the part and yet indicates that over-emulsification has not occurred.

6.5.3.3 Water pressure should be constant and should not exceed 50 psi (345 kPa) (30 psi (205 kPa) average). Generally, a coarse spray is recommended.

6.5.3.4 Maintain the temperature of the water at a relatively constant temperature. Water temperatures in the range from 60 to 110°F (16 to 43°C) are effective.

6.5.4 With solvent-removable penetrants, remove excess penetrant, insofar as possible, by using wipes of clean, lint-free material, repeating the operation until most traces of penetrant have been removed. Then *lightly* moisten with solvent a lint-free material and wipe the surface until all remaining traces of excess penetrant have been removed. To minimize removal of penetrant from discontinuities, take care to avoid the use of excess solvent. Flushing the surface with solvent following the application of the penetrant and prior to developing is prohibited.

6.6 *Drying of Parts:*

6.6.1 During the preparation of parts for inspection, drying is necessary either following the application of the aqueous wet developer or to dry the rinse water preceding the use of dry or nonaqueous developers.

6.6.2 Parts can be dried by using a hot-air recirculating oven, a hot-air blast, or by exposure to ambient temperature. Drying is best done in a thermostatically controlled recirculating hot-air dryer. The temperature in the dryer is normally maintained between 175 and 225°F (79 and 107°C) for most applications. **Caution:** Part temperature should not exceed 125°F (52°C). Local heating or cooling is permitted provided the temperature of the part remains in the range from 60 to 125°F (16 to 52°C), unless otherwise agreed to by the contracting parties.

6.6.3 Do not allow parts to remain in the drying oven any longer than is necessary to dry the part. Excessive time in the dryer can cause damage to the part as well as evaporation of the penetrant, which can impair the sensitivity of the inspection. Drying time will vary with the size, nature, and number of parts under inspection.

6.6.4 In the case of solvent-removable penetrants (6.5.4) where excess penetrant is removed with solvent wipe-off technique, dry the surface by normal evaporation. Normally, no other drying techniques are necessary, so long as the processing temperature range is within 60 to 125°F (16 to 52°C).

6.7 *Developing Indications:*

6.7.1 Developing the penetrant indications is the process of bringing the penetrant back out of the discontinuities through blotting action and spreading it out on the surface to increase its visibility to the eye. Typical penetrant indications are shown in Reference Photographs E 433.

6.7.2 Use developers either dry or suspended in an aqueous or nonaqueous solvent that is evaporated to dryness before inspection to form a particulate or resin/polymer liquid film.

6.7.3 Apply developers immediately after the excess penetrant has been removed from the part surface, prior to drying in the case of aqueous developers, and immediately after the part has been dried for all other developer forms.

6.7.4 There are various modes of effective application of the various types of developers such as dipping, immersing, flooding, spraying, or dusting. The size configuration, surface condition, number of parts to be processed, etc., will influence the choice of developer.

6.7.5 Apply dry powder developers after drying, in accordance with 6.6. Apply dry powder developers in such a manner as to assure complete part coverage. Parts can be immersed or dipped into a container of dry developer or dipped into a fluid bed of dry developer; they can also be dusted with the powder developer through a hand powder bulb or a powder gun. It is quite common and most effective to apply dry powder in an enclosed dust chamber, which creates an effective and controlled dust cloud. Excess powder may be removed by shaking or tapping the part gently, or by blowing with low-pressure (5 to 10 psi (34 to 69 kPa)) dry, clean, compressed air. Other means suited to the size and geometry of the specimen may be used provided the powder is dusted evenly over the entire surface being examined. Parts can be sprayed with a conventional or electrostatic powder spray gun.

6.7.6 Apply aqueous developers to the part immediately after the excess penetrant has been removed from the part and prior to drying. The dried developer appears as a white coating on the part. Prepare and maintain aqueous developers in accordance with the manufacturer's instructions and apply them in such a manner as to assure complete, even, part coverage. Exercise caution when using a wet developer with water-washable penetrants to avoid possible loss of indications.

6.7.6.1 Apply aqueous developers by spraying, flowing, or immersing the part. With aqueous wet developers, it is most common to immerse the parts in the prepared developer bath. Immerse parts only long enough to coat all of the part surfaces with the developer. Then remove parts from the developer bath and allow to drain. Drain all excess developer from recesses and trapped sections to eliminate tendencies of pooling of developer, which can obscure discontinuities.

6.7.6.2 Then dry the parts in accordance with 6.6.

6.7.7 Apply nonaqueous wet developers to the part by spraying after the excess penetrant has been removed and the part has been dried. This type of developer evaporates very rapidly at normal room temperature and does not, therefore, require the use of a dryer. It should be used, however, with proper ventilation.

6.7.7.1 Apply nonaqueous developers by spray application as recommended by the manufacturer. Spray parts in such a manner as to assure complete part coverage with a thin, even film of developer.

6.7.7.2 Dipping or flooding parts with nonaqueous developers is prohibited, since it will flush (dissolve) the penetrant from within the discontinuities through its solvent action.

6.7.8 Apply liquid film-type developers by spraying or dipping as recommended by the manufacturer. Spray parts in such a manner as to assure complete part coverage with a thin, even film of developer.

6.7.9 The length of time the developer is to remain on the part prior to inspection should not be less than 7 min. Developing time begins immediately after the application of dry powder developer and as soon as the wet (aqueous and nonaqueous) developer coating is dry (that is, the solvent carriers have evaporated to dryness). If bleedout does not alter the inspection results, development periods of over 30 min are permitted.

6.8 *Inspection*—Perform inspection of parts after the applicable development time as specified in 6.7.9 to assure proper bleedout of penetrant from discontinuities onto the developer coating. It is good practice to observe the surface while applying the developer as an aid in evaluating indications.

6.8.1 Inspect fluorescent penetrant indications in a darkened area. A maximum of 3 footcandles (32 lx) ambient light is allowed for critical inspection. Higher levels may be used for noncritical inspections if darkness is unobtainable.

6.8.1.1 Measure black light intensity, at a recommended minimum of 800 $\mu W/cm^2$ on the surface of the part being inspected, with a suitable black light meter. Check black light intensity periodically (every 30 days is recommended) to assure the required output. Drops in line voltage can be the cause of decreased black light output and should be checked periodically. If line voltage fluctuations exist which cause inconsistent black light performance, use a constant voltage transformer.

6.8.1.2 Allow the black light to warm up for a minimum of 5 min prior to its use or measurement of the intensity of the ultraviolet light emitted.

6.8.1.3 It is recommended that the inspector be in the darkened inspection area for at least 5 min prior to inspection so that his eyes will adapt to dark viewing.

6.8.1.4 Keep the inspection area free of interfering debris. Practice good housekeeping at all times.

6.8.2 Visible penetrant indications can be inspected in either natural or artificial white light. Adequate illumination is required to ensure no loss of the sensitivity in the inspection. A minimum light intensity at the inspection site of 32.5 footcandles (350 lx) is recommended.

6.9 *Post Cleaning*—Post cleaning is necessary in those cases where residual penetrant or developer could interfere with subsequent processing or with service requirements. It is particularly important where residual penetrant inspection materials might combine with other factors in service to produce corrosion. A suitable technique, such as a simple water rinse, machine wash, vapor degreasing, solvent soak, or ultrasonic cleaning may be employed (see A1.2). In the case of developers, it is recommended that if post removal is necessary, that it be carried out as promptly as possible after inspection so that it does not fix on the part. Water spray rinsing is generally adequate. (**Caution:** Developers should be removed prior to vapor degreasing. Vapor degreasing can bake developer on parts.)

7. Special Requirements

7.1 *Sulfur, and Chlorine Fluorine Content*—**When using penetrant inspection materials on austenitic stainless steels, titanium, or nickel-base alloys, the need to restrict chloride/fluoride ion content, total chlorine/fluorine content, and sulfur content should be considered. If such a need exists, sampling techniques and analytical test methods and limits should be agreed upon between contracting parties. In the absence of a specific requirement, the chlorine content should be limited to 1 % where potential use includes application to austenitic stainless steel or titanium. Method D 808 can provide reliable analytical results for total chloride contents of 1000 ppm (0.1 %) or more. See Annex A2 for detectability in the range from 10 to 50 000 ppm. See Annex A3 for detectability in the range from 1 to 200 000 ppm. Similarly, in the absence of a specific requirement, the sulfur content should be limited to 1 % where potential use includes application to** nickel-base alloys at elevated temperatures. Method D 129 can provide reliable analytical results for sulfur contents of 1000 ppm (0.1 %) or more.

7.2 Where penetrant inspection is performed on parts that must be maintained at elevated temperature during inspection, special materials and processing techniques may be required. Such inspection requires qualification in accordance with 8.1. Manufacturer's recommendations should be observed.

8. Qualification and Requalification

8.1 Qualification of procedures requires proof of equivalence to the currently approved procedure. Equivalency is determined by direct comparison on penetrant comparators or representative test parts, or both, as mutually agreed to by the contracting parties.

8.2 Requalification is required when a change or substitution is made in the type of penetrant materials or in the processing technique.

TABLE 1 Classification of Liquid Penetrant Inspection Methods and Types

Method A—Fluorescent, Liquid Penetrant Inspection
Type 1—water-washable (Procedure A-1) Type 2—post-emulsifiable (Procedure A-2) Type 3—solvent-removable (Procedure A-3)
Method B—Visible, Liquid Penetrant Inspection
Type 1—water-washable (Procedure B-1) Type 2—post-emulsifiable (Procedure B-2) Type 3—solvent-removable (Procedure B-3)

TABLE 2 Recommended Dwell Times

Material	Form	Type of Discontinuity	Dwell Times (in minutes) for Methods A-1, A-2, A-3, B-1, B-2, B-3[a, b]	
			Penetrant[c]	Developer[d]
Aluminum, magnesium, steel, brass and bronze, titanium and high-temperature alloys	*cast*—castings and welds	cold shuts, porosity, lack of fusion, cracks (all forms)	5	7
	wrought—extrusions, forgings, plate	laps, cracks (all forms)	10	7
Carbide-tipped tools		lack of fusion, porosity, cracks	5	7
Plastic	all forms	cracks	5	7
Glass	all forms	cracks	5	7
Ceramic	all forms	cracks, porosity	5	7

[a] For temperature range from 60 to 125°F (15 to 50°C).
[b] All dwell times given are recommended minimums.
[c] Maximum penetrant dwell time 60 min, in accordance with 6.4.3.
[d] Development time begins directly after application of dry developer and as soon as wet developer coating has dried on surface of parts (recommended minimum).

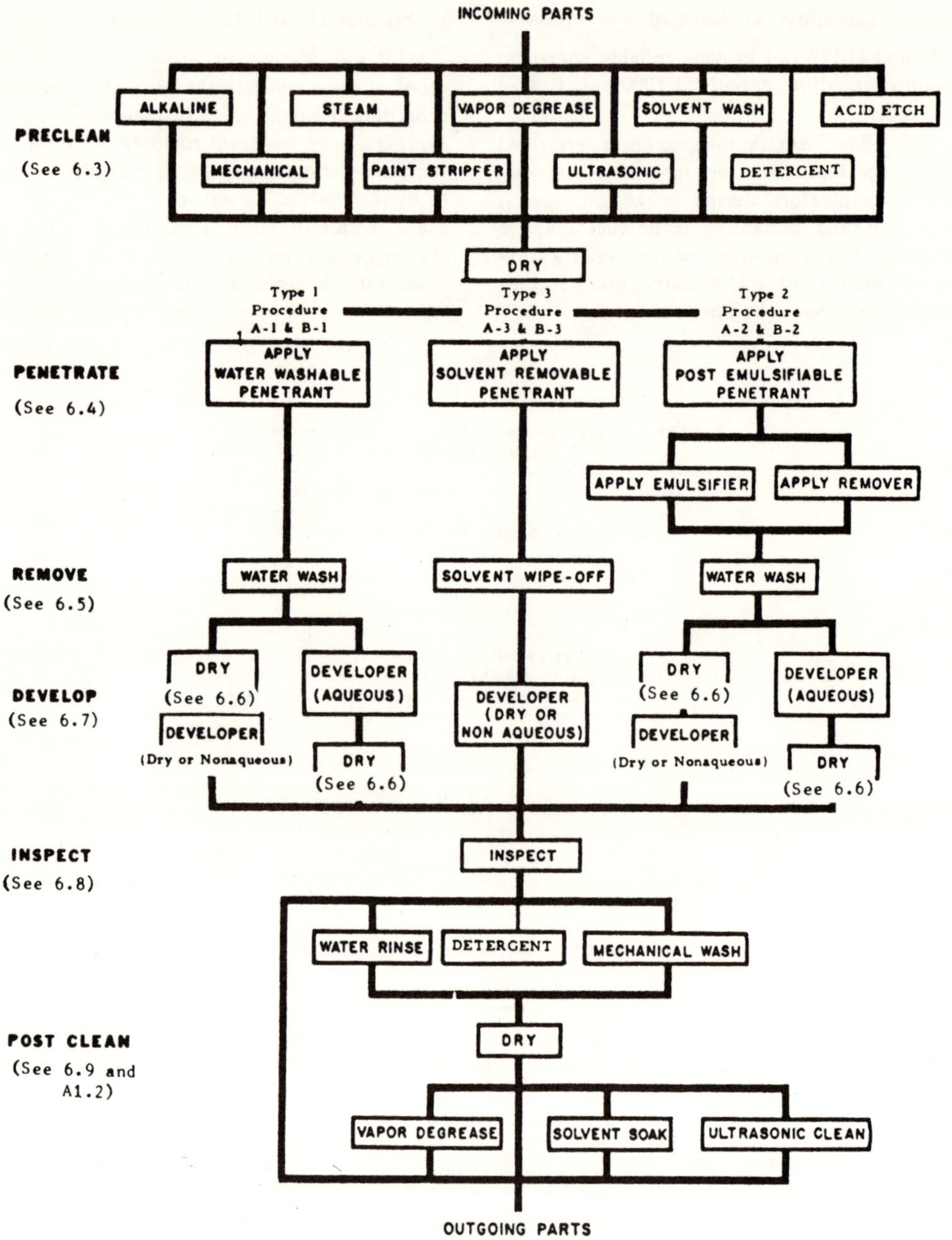

FIG. 1 Fluorescent and Visible Penetrant Inspection General Processing Procedures Flowsheet.

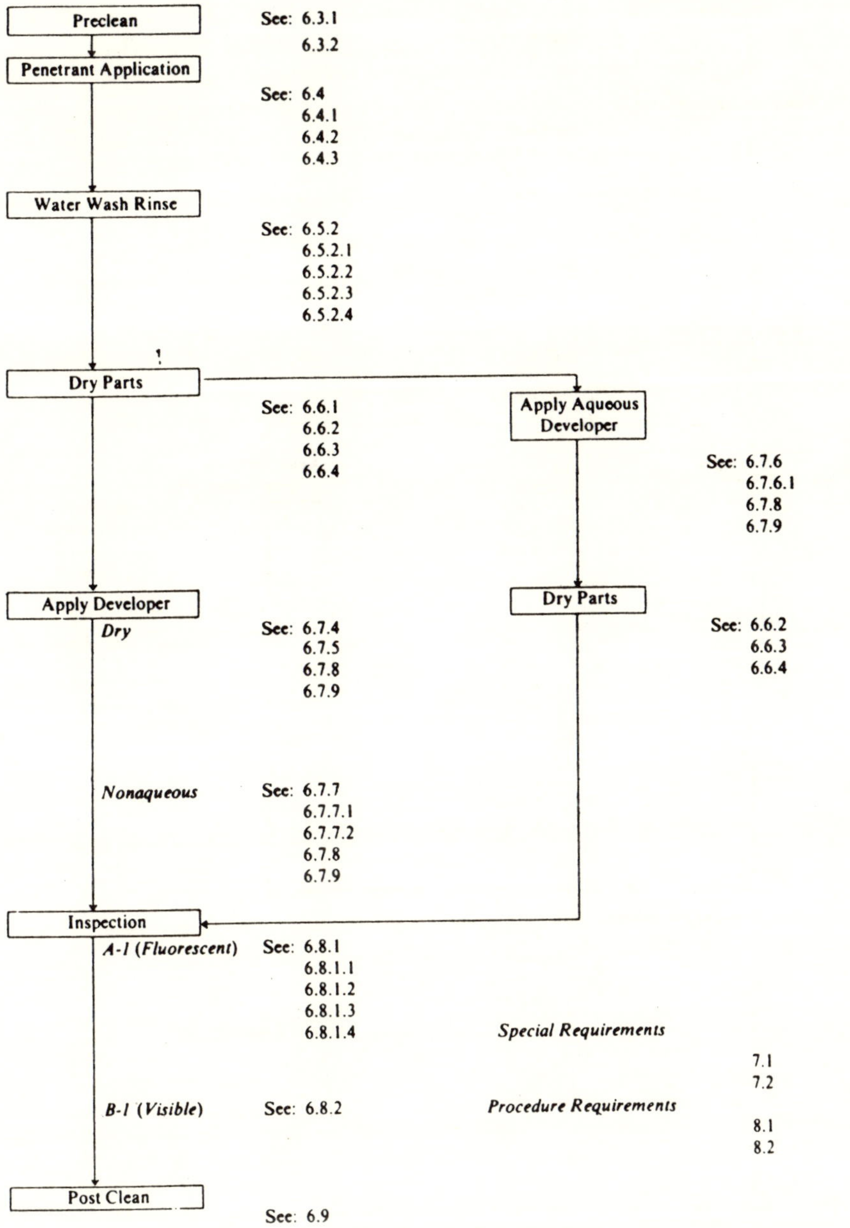

FIG. 2 Type 1—Water-Washable Penetrant Inspection Processing Procedures A-1 (Fluorescent) and B-1 (Visible).

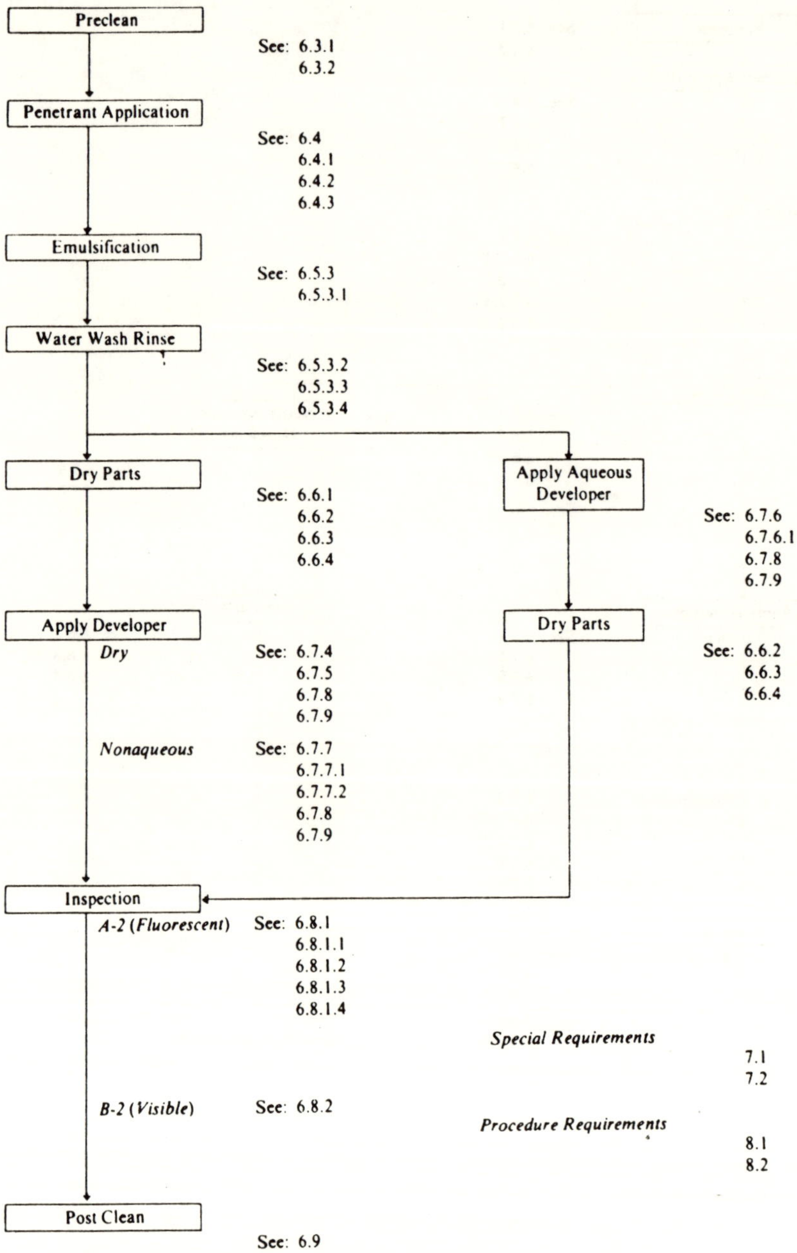

FIG. 3 Type 2—Post Emulsifiable Procedures A-2 (Fluorescent) and B-2 (Visible).

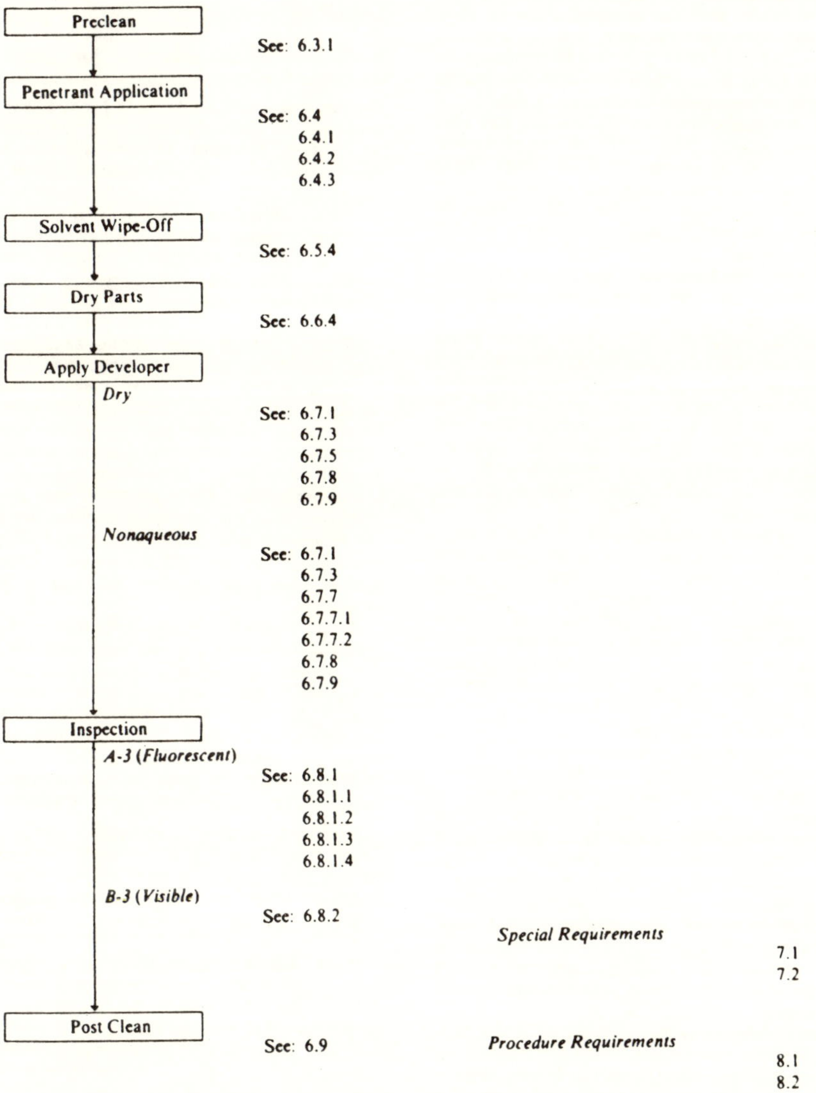

FIG. 4 Type 3—Solvent Removable Penetrant Inspection Processing Procedures A-3 (Fluorescent) and B-3 (Visible).

ANNEXES

A1. CLEANING OF PARTS AND MATERIALS

A1.1 Choice of Cleaning Method

A1.1.1 The choice of a suitable cleaning method is based on such factors as: (*1*) type of contaminant to be removed since no one method removes all contaminants equally well; (*2*) effect of the cleaning method on the parts; (*3*) practicality of the cleaning method for the part (for example, a large part cannot be put into a small degreaser or ultrasonic cleaner); and (*4*) specific cleaning requirements of the purchaser. The following cleaning methods are recommended:

A1.1.1.1 *Detergent Cleaning*—Detergent cleaners are nonflammable water-soluble compounds containing specially selected surfactants for wetting, penetrating, emulsifying, and saponifying various types of soils, such as grease and oily films, cutting and machining fluids, and unpigmented drawing compounds, etc. Detergent cleaners may be alkaline, neutral, or acidic in nature, but must be noncorrosive to the item being inspected. The cleaning properties of detergent solutions facilitate complete removal of soils and contamination from the surface and void areas, thus preparing them to absorb the penetrant. Cleaning time should average 10 to 15 min at 170 to 200°F (77 to 93°C) with moderate agitation, using concentrations (generally 6 to 8 oz/gal or 45 to 60 kg/m³) recommended by the manufacturer of the cleaning compound.

A1.1.1.2 *Solvent Cleaning*—There are a variety of solvent cleaners that can be effectively utilized to dissolve such soils as grease and oily films, waxes and sealants, paints, and in general, organic matter. These solvents should be residue-free, especially when used as a hand-wipe solvent or as a dip-tank degreasing solvent. Solvent cleaners are not recommended for the removal of rust and scale, welding flux and spatter, and in general, inorganic soils. **Caution:** Some cleaning solvents are flammable and can be toxic. Observe all manufacturers' instructions and precautionary notes.

A1.1.1.3 *Vapor Degreasing*—Vapor degreasing is a preferred method of removing oil or grease-type soils from the surface of parts and from open discontinuities. It will not remove inorganic-type soils (dirt, corrosion, salts, etc.), and may not remove resinous soils (plastic coatings, varnish, paint, etc.). Because of the short contact time, degreasing may not completely clean out deep discontinuities and a subsequent solvent soak is recommended.

A1.1.1.4 *Alkaline Cleaning:*

(*a*) Alkaline cleaners are nonflammable water solutions containing specially selected detergents for wetting, penetrating, emulsifying, and saponifying various types of soils. Hot alkaline solutions are also used for rust removal and descaling to remove oxide scale which can mask surface discontinuities. Alkaline cleaner compounds must be used in accordance with the manufacturers' recommendations. **Caution:** Parts cleaned by the alkaline cleaning process must be rinsed completely free of cleaner and thoroughly dried by heat prior to the penetrant inspection process (part temperature at the time of penetrant application shall not exceed 125°F (52°C).

(*b*) Steam cleaning is a modification of the hot-tank alkaline cleaning method, which can be used for preparation of large, unwieldy parts. It will remove inorganic soils and many organic soils from the surface of parts, but may not reach to the bottom of deep discontinuities, and a subsequent solvent soak is recommended.

A1.1.1.5 *Ultrasonic Cleaning*—This method adds ultrasonic agitation to solvent or detergent cleaning to improve cleaning efficiency and decrease cleaning time. It should be used with water and detergent if the soil to be removed is inorganic (rust, dirt, salts, corrosion products, etc.), and with organic solvent if the soil to be removed is organic (grease and oily films, etc.). After ultrasonic cleaning, parts should be heated to remove the cleaning fluid, then cooled to at least 125°F (52°C), before application of penetrant.

A1.1.1.6 *Paint Removal*—Paint films can be effectively removed by bond release solvent paint remover or disintegrating-type hot-tank alkaline paint strippers. In most cases, the paint film must be completely removed to expose the surface of the metal. Solvent-type paint removers can be of the high-viscosity thickened type for spray or brush application or can be of low viscosity two-layer type for dip-tank application. Both types of solvent paint removers are generally used at ambient temperatures, as received. Hot-tank alkaline strippers are water-soluble powder compounds generally used at 8 to 16 oz/gal (60 to 120 kg/m³) of water at 180 to 200°F (82 to 93°C). After paint removal, the parts must be thoroughly rinsed to remove all contamination from the void openings and then thoroughly dried.

A1.1.1.7 *Mechanical Cleaning and Surface Conditioning*—Metal-removing processes such as filing, buffing, scraping, mechanical milling, drilling, reaming, grinding, liquid honing, sanding, lathe cutting, tumble or vibratory deburring, and abrasive blasting, including abrasives such as glass beads, sand, aluminum oxide, ligno-cellulose pellets, metallic shot, etc., are often used to remove such soils as carbon, rust and scale, and foundry adhering sands, as well as to deburr or produce a desired cosmetic effect on the part. ***These processes may decrease the effectiveness of the penetrant examination by smearing or peening over metal surfaces and filling discontinuities open to the surface, especially for soft metals such as aluminum, titanium, magnesium, and beryllium alloy.***

A1.1.1.8 *Acid Etching*—Inhibited acid solutions (pickling solutions) are routinely used for descaling part surfaces. Descaling is necessary to remove oxide scale, which can mask surface discontinuities and prevent penetrant from entering. Acid solutions/etchants are also used routinely to remove smeared metal that peens over surface discontinuities. Such etchants should be used in accordance with the manufacturers' recommendations. **Caution:**

NOTE A1—Etched parts and materials must be rinsed completely free of etchants, the surface neutralized and thoroughly dried by heat prior to application of penetrants. Acids and chromates can adversely affect the fluorescence of fluorescent materials.

NOTE A2—Whenever there is a possibility of hydrogen embrittlement as a result of acid solution/etching, the part should be baked at a suitable temperature for an appropriate time to remove the hydrogen before further processing. After baking, the part shall be cooled to a temperature below 125°F (52°C) before applying penetrants.

A1.1.1.9 *Air Firing of Ceramics*—Heating of a ceramic part in a clean, oxidizing atmosphere is an effective way of removing moisture or light organic soil or both. The maximum temperature that will not cause degradation of the properties of the ceramic should be used.

A1.2 **Post Cleaning**

A1.2.1 *Removal of Developer*—Dry powder developer can be effectively removed with an air blow-off (free of oil) or it can be removed with water rinsing. Wet developer coatings can be removed effectively by water rinsing or water rinsing with detergent either by hand or with a mechanical assist (scrub brushing, washing machine, etc.). The soluble developer coatings simply dissolve off of the part with a water rinse.

A1.2.2 Residual penetrant may be removed through solvent action. Vapor degreasing (10 min minimum), solvent soaking (15 min minimum), and ultrasonic solvent cleaning (3 min minimum) techniques are recommended. In some cases, it is desirable to vapor degrease, then follow with a solvent soak. The actual time required in the vapor degreaser and solvent soak will depend on the nature of the part and should be determined experimentally.

A2. METHODS FOR MEASURING TOTAL CHLORIDE CONTENT IN COMBUSTIBLE LIQUID PENETRANT MATERIALS

A2.1 Scope and Application

A2.1.1 These methods cover the determination of chlorine in combustible liquid penetrant materials, liquid or solid. Its range of applicability is 0.001 to 5 % using either of the alternative titrimetric procedures. The procedures assume that bromine or iodine will not be present. If these elements are present, they will be detected and reported as chlorine. The full amount of these elements will not be reported. Chromate interferes with the procedures, causing low or nonexistent end points. The method is applicable only to materials that are totally combustible.

A2.2 Summary of Methods

A2.2.1 The sample is oxidized by combustion in a bomb containing oxygen under pressure (**Caution**, see A2.2.1.1). The chlorine compounds thus liberated are absorbed in a sodium carbonate solution and the amount of chloride present is determined titrimetrically either against silver nitrate with the end point detected potiometrically (Method A) or coulometrically with the end point detected by current flow increase (Method B).

A2.2.1.1 *Safety*—Strict adherence to all of the provisions prescribed hereinafter ensures against explosive rupture of the bomb, or a blow-out, provided the bomb is of proper design and construction and in good mechanical condition. It is desirable, however, that the bomb be enclosed in a shield of steel plate at least ½ in. (12.7 mm) thick, or equivalent protection be provided against unforeseeable contingencies.

A2.3 Apparatus

A2.3.1 *Bomb*, having a capacity of not less than 300 mL, so constructed that it will not leak during the test, and that quantitative recovery of the liquids from the bomb may be readily achieved. The inner surface of the bomb may be made of stainless steel or any other material that will not be affected by the combustion process or products. Materials used in the bomb assembly, such as the head gasket and leadwire insulation, shall be resistant to heat and chemical action, and shall not undergo any reaction that will affect the chlorine content of the liquid in the bomb.

A2.3.2 *Sample Cup*, platinum, 24 mm in outside diameter at the bottom, 27 mm in outside diameter at the top, 12 mm in height outside and weighing 10 to 11 g, opaque fused silica, wide-form with an outside diameter of 29 mm at the top, a height of 19 mm, and a 5-mL capacity (Note 1), or nickel (Kawin capsule form), top diameter of 28 mm, 15 mm in height, and 5-mL capacity.

NOTE A2.1—Fused silica crucibles are much more economical and longer-lasting than platinum. After each use, they should be scrubbed out with fine, wet emery cloth, heated to dull red heat over a burner, soaked in hot water for 1 h, then dried and stored in a desiccator before reuse.

A2.3.3 *Firing Wire*, platinum, approximately No. 26 B & S gage.

A2.3.4 *Ignition Circuit* (Note A2.2), capable of supplying sufficient current to ignite the nylon thread or cotton wicking without melting the wire.

NOTE A2.2: **Caution**—The switch in the ignition circuit shall be of a type that remains open, except when held in closed position by the operator.

A2.3.5 *Nylon Sewing Thread*, or *Cotton Wicking*, white.

A2.4 Purity of Reagents

A2.4.1 Reagent grade chemicals shall be used in all tests. Unless otherwise indicated, it is intended that all reagents shall conform to the specifications of the Committee on Analytical Reagents of the American Chemical Society, where such specifications are available.[7] Other grades may be used provided it is first ascertained that the reagent is of sufficiently high purity to permit its use without lessening the accuracy of the determination.

A2.4.2 Unless otherwise indicated, references to water shall be understood to mean referee grade reagent water conforming to Specification D 1193.

A2.5 Decomposition

A2.5.1 *Reagents and Materials:*

A2.5.1.1 *Oxygen*, free of combustible material and halogen compounds, available at a pressure of 40 atm (4.05 MPa).

A2.5.1.2 *Sodium Carbonate Solution (50 g Na_2CO_3/L)*—Dissolve 50 g of anhydrous Na_2CO_3 or 58.5 g of $Na_2CO_3 \cdot H_2O$) or 135 g of $Na_2CO_3 \cdot 10H_2O$ in water and dilute to 1 L.

A2.5.1.3 *White Oil*, refined.

A2.5.2 *Procedure:*

A2.5.2.1 *Preparation of Bomb and Sample*—Cut a piece of firing wire approximately 100 mm in length. Coil the middle section (about 20 mm) and attach the free ends to the terminals. Arrange the coil so that it will be above and to one side of the sample cup. Place 5 mL of Na_2CO_3 solution in the bomb (Note A2.3), place the cover on the bomb and vigorously shake for 15 s to distribute the solution over the inside of the bomb. Open the bomb, place the sample-filled sample cup in the terminal holder, and insert a short length of thread between the firing wire and the sample. Use of a sample weight containing over 20 mg of chlorine may cause corrosion of the bomb. The sample weight should not exceed 0.4 g if the expected chlorine content is 2.5 % or above. If the sample is solid, not more than 0.2 g should be used. Use 0.8 g of white oil with solid samples. If white oil will be used (Note A2.4), add it to the sample cup by means of a dropper at this time (**Caution**, see Notes A2.5 and A2.6).

NOTE A2.3—After repeated use of the bomb for chlorine determination, a film may be noticed on the inner surface. This dullness should be removed by periodic polishing of the bomb. A satisfactory method for doing this is to rotate the bomb in a lathe at about 300 rpm and polish the inside surface with Grit No. 2/0 or equivalent paper coated with a light machine oil to prevent cutting, and then with a paste of grit-free chromic oxide and water. This procedure will remove all but very deep pits and put a high polish on the surface. Before using the bomb, it should be washed with soap and water to remove oil or paste left from the polishing operation. Bombs with porous or pitted surfaces should never be used because of the tendency to retain chlorine from sample to sample. **Caution:** Do not use more than 1 g total of sample and white oil or other chlorine-free combustible material.

[7] "Reagent Chemicals, American Chemical Society Specifications," Am. Chemical Soc., Washington, D. C. For suggestions on the testing of reagents not listed by the American Chemical Society, see "Reagent Chemicals and Standards," by Joseph Rosin, D. Van Nostrand Company, Inc., New York, N. Y., and the "United States Pharmacopeia."

NOTE A2.4—If the sample is not readily miscible with white oil, some other nonvolatile, chlorine-free combustible diluent may be employed in place of white oil. However, the combined weight of sample and nonvolatile diluent shall not exceed 1 g. Some solid additives are relatively insoluble, but may be satisfactorily burned when covered with a layer of white oil.

NOTE A2.5—The practice of running alternately samples high and low in chlorine content should be avoided whenever possible. It is difficult to rinse the last traces of chlorine from the walls of the bomb and the tendency for residual chlorine to carry over from sample to sample has been observed in a number of laboratories. When a sample high in chlorine has preceded one low in chlorine content, the test on the low-chlorine sample should be repeated and one or both of the low values thus obtained should be considered suspect if they do not agree within the limits of repeatability of this method.

A2.5.2.2 *Addition of Oxygen*—Place the sample cup in position and arrange the nylon thread, or wisp of cotton so that the end dips into the sample. Assemble the bomb and tighten the cover securely. Admit oxygen (**Caution**, Note A2.6) slowly (to avoid blowing the sample from the cup) until a pressure is reached as indicated in Table A2.1.

NOTE A2.6: **Caution**—Do not add oxygen or ignite the sample if the bomb has been jarred, dropped, or tilted.

A2.5.2.3 *Combustion*—Immerse the bomb in a cold-water bath. Connect the terminals to the open electrical circuit. Close the circuit to ignite the sample. Remove the bomb from the bath after immersion for at least ten minutes. Release the pressure at a slow, uniform rate such that the operation requires not less than 1 min. Open the bomb and examine the contents. If traces of unburned oil or sooty deposits are found, discard the determination, and thoroughly clean the bomb before again putting it in use (Note A2.3).

A2.6 Analysis, Method A, Potentiometric Titration Procedure

A2.6.1 *Apparatus:*

A2.6.1.1 *Silver Billet Electrode.*

A2.6.1.2 *Glass Electrode*, pH measurement type.

A2.6.1.3 *Buret*, 25-mL capacity, 0.05-mL graduations.

A2.6.1.4 *Millivolt Meter*, or expanded scale pH meter capable of measuring 0 to 220 mV.

NOTE A2.7—An automatic titrator is highly recommended in place of items A2.6.1.3–A2.6.1.4. Repeatability and sensitivity of the method are much enhanced by the automatic equipment while much tedious effort is avoided.

A2.6.2 *Reagents and Materials:*

A2.6.2.1 *Acetone*, chlorine-free.

A2.6.2.2 *Methanol*, chlorine-free.

A2.6.2.3 *Silver Nitrate Solution (0.0282 N)*—Dissolve 4.7910 ± 0.0005 g of silver nitrate ($AgNO_3$) in water and dilute to 1 L.

A2.6.2.4 *Sodium Chloride Solution (0.0282 N)*—Dry a few grams of sodium chloride (NaCl) for 2 h at 130 to 150°C, weigh out 1.6480 ± 0.0005 g of the dried NaCl, dissolve in water, and dilute to 1 L.

A2.6.2.5 *Sulfuric Acid (1 + 2)*—Mix 1 volume of concentrated sulfuric acid (H_2SO_4, sp. gr 1.84) with 2 volumes of water.

A2.6.3 *Collection of Chlorine Solution*—Remove the sample cup with clean forceps and place in a 400-mL beaker. Wash down the walls of the bomb shell with a fine stream of methanol from a wash bottle, and pour the washings into the beaker. Rinse any residue into the beaker. Next, rinse the bomb cover and terminals into the beaker. Finally, rinse both inside and outside of the sample crucible into the beaker. Washings should equal but not exceed 100 mL. Add methanol to make 100 mL.

A2.6.4 *Determination of Chlorine*—Add 5 mL of H_2SO_4 (1 + 2) to acidify the solution (solution should be acid to litmus and clear of white Na_2CO_3 precipate). Add 100 mL of acetone. Place the electrodes in the solution, start the stirrer (if mechanical stirrer is to be used), and begin titration. If titration is manual, set the pH meter on the expanded millivolt scale and note the reading. Add exactly 0.1 mL of $AgNO_3$ solution from the buret. Allow a few seconds stirring; then record the new millivolt reading. Subtract the second reading from the first. Continue the titration, noting each amount of $AgNO_3$ solution and the amount of difference between the present reading and the last reading. Continue adding 0.1-mL increments, making readings and determining differences between readings until a maximum difference between readings is obtained. The total amount of $AgNO_3$ solution required to produce this maximum differential is the end point. Automatic titrators continuously stir the sample, add titrant, measure the potential difference, calculate the differential, and plot the differential on a chart. The maximum differential is taken as the end point.

NOTE A2.8—For maximum sensitivity, 0.00282 *N* $AgNO_3$ solution may be used with the automatic titrator. This dilute reagent should not be used with large samples or where chlorine content may be over 0.1 % since these tests will cause end points of 10 mL or higher. The large amount of water used in such titrations reduces the differential between readings, making the end point very difficult to detect. For chlorine contents over 1 % in samples of 0.8 g or larger, 0.282 *N* $AgNO_3$ solution will be required to avoid exceeding the 10-mL water dilution limit.

A2.6.5 *Blank* -Make blank determinations with the amount of white oil used but omitting the sample. (Liquid samples normally require only 0.15 to 0.25 g of white oil while solids require 0.7 to 0.8 g.) Follow normal procedure, making two or three test runs to be sure the results are within the limits of repeatability for the test. Repeat this blank procedure whenever new batches of reagents or white oil are used. The purpose of the blank run is to measure the chlorine in the white oil, the reagents, and that introduced by contamination.

A2.6.6 *Standardization*—Silver nitrate solutions are not permanently stable, so the true activity should be checked when the solution is first made up and then periodically during the life of the solution. This is done by titration of a known NaCl solution as follows: Prepare a mixture of the amounts of the chemicals (Na_2CO_3 solution, H_2SO_4 solution, acetone, and methanol) specified for the test. Pipet in 5.0 mL of 0.0282-*N* NaCl solution and titrate to the end point. Prepare and titrate a similar mixture of all the chemicals except the NaCl solution, thus obtaining a reagent blank reading. Calculate the normality of the $AgNO_3$ solution as follows:

$$N_{AgNO_3} = \frac{5.0 \times N_{NaCl}}{V_A - V_B}$$

where:

N_{AgNO_3} = normality of the $AgNO_3$ solution,
N_{NaCl} = normality of the NaCl solution,
V_A = millilitres of $AgNO_3$ solution used for the titration including the NaCl solution, and
V_B = millilitres of $AgNO_3$ solution used for the titration of the reagents only.

A2.6.7 *Calculation*—Calculate the chlorine content of the sample as follows:

$$\text{Chlorine, weight \%} = \frac{(V_S - V_B) \times N \times 3.545}{W}$$

where:

V_S = millilitres of $AgNO_3$ solution used by the sample,
V_B = millilitres of $AgNO_3$ solution used by the blank,
N = normality of the $AgNO_3$ solution, and
W = grams of sample used.

A2.6.8 *Precision and Accuracy:*

A2.6.8.1 The following criteria should be used for judging the acceptability of results:

A2.6.8.1.1 *Repeatability*—Results by the same analyst should not be considered suspect unless they differ by more than 0.006 % or 10.5 % of the value determined, whichever is higher.

A2.6.8.1.2 *Reproducibility*—Results by different laboratories should not be considered suspect unless they differ by more than 0.013 % or 21.3 % of the value detected, whichever is higher.

A2.6.8.1.3 *Accuracy*—The average recovery of the method is 86 % to 89 % of the actual amount present.

A2.7 Analysis, Method B, Coulometric Titration

A2.7.1 *Apparatus:*

A2.7.1.1 *Coulometric Chloride Titrator.*

A2.7.1.2 *Beakers*, two, 100-mL, or glazed crucibles (preferably with 1½ in-outside diameter bottom).

A2.7.1.3 *Refrigerator.*

A2.7.2 *Reagents:*

A2.7.2.1 *Acetic Acid, Glacial.*

A2.7.2.2 *Dry Gelatin Mixture.*[8]

A2.7.2.3 *Nitric Acid.*

A2.7.2.4 *Sodium Chloride Solution*—100 meq C/l. Dry a quantity of NaCl for 2 h at 130 to 150°C. Weigh out 5.8440 ± 0.0005 g of dried NaCl in a closed container, dissolve in water, and dilute to 1 L.

A2.7.3 *Reagent Preparation:*

NOTE A2.9—The normal reagent preparation process has been slightly changed, due to the interference from the 50 mL of water required to wash the bomb. This modified process eliminates the interference and does not alter the quality of the titration.

A2.7.3.1 *Gelatin Solution*—A typical preparation is: Add approximately 1 L of hot distilled or deionized water to the 6.2 g of dry gelatin mixture contained in one vial supplied by the equipment manufacturer. Gently heat with continuous mixing until the gelatin is completely dissolved.

A2.7.3.2 Divide into aliquots each sufficient for one day's analyses. (Thirty millilitres is enough for approximately eleven titrations.) Keep the remainder in a refrigerator, but do not freeze. The solution will keep for about 6 months in the refrigerator. When ready to use, immerse the day's aliquot in hot water to liquefy the gelatin.

A2.7.3.3 *Glacial Acetic Acid-Nitric Acid Solution*—A typical ratio is 12.5 to 1 (12.5 parts CH_3COOH to 1 part HNO_3).

A2.7.3.4 Mix enough gelatin solution and of acetic acid-nitric acid mixture for one titration. (A typical mixture is 2.5 mL of gelatin solution and 5.4 mL of acetic-nitric acid mixture.)

[8] May be purchased from the equipment supplier. A typical mixture consists of 6 g of gelatin powder, 0.1 g of

thymol blue, water-soluble, and 0.1 g of thymol, reagent grade, crystal.

TABLE A2.1 **Gage Pressures**

Capacity of Bomb, mL	Gage Pressure, atm (MPa)	
	min[A]	max
300 to 350	38 (3.85)	40 (4.05)
350 to 400	35 (3.55)	37 (3.75)
400 to 450	30 (3.04)	32 (3.24)
450 to 500	27 (2.74)	29 (2.94)

[A] The minimum pressures are specified to provide sufficient oxygen for complete combustion and the maximum pressures present a safety requirement.

NOTE A2.10—The solution may be premixed in a larger quantity for convenience, but may not be useable after 24 h.

A2.7.3.5 Run at least three blank values and take an average according to the operating manual of the titrator. Determine separate blanks for both 5 drops of mineral oil and 20 drops of mineral oil.

A2.7.4 *Titration:*

A2.7.4.1 Weigh to the nearest 0.1 g and record the weight of the 100-mL beaker.

A2.7.4.2 Remove the sample crucible from the cover assembly support ring using a clean forceps, and, using a wash bottle, rinse both the inside and the outside with water into the 100-mL beaker.

A2.7.4.3 Empty the bomb shell into the 100-mL beaker. Wash down the sides of the bomb shell with water, using a wash bottle.

A2.7.4.4 Remove the cover assembly from the cover assembly support, and, using the wash bottle, rinse the under side, the platinum wire, and the terminals into the same 100-mL beaker. The total amount of washings should be 50 ± 1 g.

A2.7.4.5 Add specified amounts of gelatin mixture and acetic acid-nitric acid mixture, or gelatin mix-acetic acid-nitric acid mixture, if this was premixed, into the 100-mL beaker that contains the 50 g of washings including the decomposed sample.

A2.7.4.6 Titrate using a coulometric titrimeter, according to operating manual procedure.

A2.7.5 *Calculations*—Calculate the chloride ion concentration in the sample as follows:

$$\text{Chlorine, weight \%} = \frac{(P - B) \times M}{W}$$

where:

P = counter reading obtained with the sample,
B = average counter reading obtained with average of the three blank readings,
M = standardization constant. This is dependent on the instrument range setting in use and the reading obtained with a known amount of the 100 meq of Cl per litre of solution, and
W = weight of sample used, g.

A2.7.6 *Precision and Accuracy:*

A2.7.6.1 Duplicate results by the same operator can be expected to exhibit the following relative standard deviations:

Approximate % Chloride	RSD, %
1.0 and above	0.10
0.1	2.5
0.003	5.9

A2.7.6.2 The method can be expected to report values that vary from the true value by the following amounts:

0.1 % chlorine and above	±2%
0.001 to 0.01 % chlorine	±9%.

A2.7.6.3 If bromine is present, 36.5 % of the true amount will be reported. If iodine is present, 20.7 % of the true amount will be reported. Fluorine will not be detected.

A3. METHOD FOR MEASURING TOTAL FLUORIDE CONTENT IN COMBUSTIBLE LIQUID PENETRANT MATERIALS

A3.1 Scope and Application

A3.1.1 This method covers the determination of fluorine in combustible liquid penetrant materials, liquid or solid, that do not contain appreciable amounts of interfering elements, or have any insoluble residue after combustion. Its range of applicability is 1 to 200 000 ppm.

A3.1.2 The measure of the fluorine content employs the fluoride selective ion electrode.

A3.2 Summary of Method

A3.2.1 The sample is oxidized by combustion in a bomb containing oxygen under pressure (**Caution,** see A3.2.1.1). The fluorine compounds thus liberated are absorbed in a sodium citrate solution and the amount of fluorine present is determined potentiometrically through the use of a fluoride selective ion electrode.

A3.2.1.1 *Safety*—Strict adherence to all of the provisions prescribed hereinafter ensures against explosive rupture of the bomb, or a blow-out, provided the bomb is of proper design and construction and in good mechanical condition. It is desirable, however, that the bomb be enclosed in a shield of steel plate at least ½ in. (12.7 mm) thick, or equivalent protection by provided against unforeseeable contingencies.

A3.3 Interferences

A3.3.1 Silicon, calcium, aluminum, magnesium, and other metals forming precipitates with fluoride ion will interfere if they are present in sufficient concentration to exceed the solubility of their respective fluorides. Insoluble residue after combustion will entrain fluorine even if otherwise soluble.

A3.4 Apparatus

A3.4.1 *Bomb*, having a capacity of not less than 300 mL, so constructed that it will not leak during the test, and that quantitative recovery of the liquids from the bomb may be readily achieved. The inner surface of the bomb may be made of stainless steel or any other material that will not be affected by the combustion process or products. Materials used in the bomb assembly, such as the head gasket and leadwire insulation, shall be resistant to heat and chemical action, and shall not undergo any reaction that will affect the fluorine content of the liquid in the bomb.

A3.4.2 *Sample Cup*, nickel, 20 mm in outside diameter at the bottom, 28 mm in outside diameter at the top, and 16 mm in height; or platinum, 24 mm in outside diameter at the bottom, 27 mm in outside diameter at the top, 12 mm in height, and weighing 10 to 11 g.

A3.4.3 *Firing Wire*, platinum, approximately No. 26 B & S gage.

A3.4.4 *Ignition Circuit* (Note A3.1), capable of supplying sufficient current to ignite the nylon thread or cotton wicking without melting the wire.

NOTE A3.1 **Caution**—The switch in the ignition circuit shall be of a type that remains open, except when held in closed position by the operator.

A3.4.5 *Nylon Sewing Thread*, or *Cotton Wicking*, white.

A3.4.6 *Funnel*, polypropylene (Note A3.2).

A3.4.7 *Volumetric Flask*, polypropylene, 100-mL (Note A3.2).

A3.4.8 *Beaker*, polypropylene, 150-mL (Note A3.2).

A.3.4.9 *Pipet*, 100-μL, Eppendorf-type (Note A3.2).

A3.4.10 *Magnetic Stirrer* and TFE-coated magnetic stirring bar.

A3.4.11 *Fluoride Specific Ion Electrode* and suitable reference electrode.

A3.4.12 *Millivolt Meter* capable of measuring to 0.1 mV.

NOTE A3.2—Glassware should never be used to handle a fluoride solution as it will remove fluoride ions from solution or on subsequent use carry fluoride ion from a concentrated solution to one more dilute.

A3.5 Reagents

A3.5.1 *Purity of Reagents*—Reagent grade chemicals shall be used in all tests. Unless otherwise indicated, it is intended that all reagents shall conform to the specifications of the Committee on Analytical Reagents of the American Chemical Society, where such specifications are available.[7] Other grades may be used, provided it is first ascertained that the reagent is of sufficiently high purity to permit its use without lessening the accuracy of the determination.

A3.5.2 *Purity of Water*—Unless otherwise indicated, all references to water shall be understood to mean Type I reagent water conforming to Specification D 1193.

A3.5.3 *Fluoride Solution, Stock (2000 ppm)*—Dissolve 4.4200 ± 0.0005 g of predried (at 130 to 150°C for 1 h, then cooled in a desiccator) sodium fluoride in distilled water and dilute to 1 L.

A3.5.4 *Oxygen*, free of combustible material and halogen compounds, available at a pressure of 40 atm (4.05 MPa).

A3.5.5 *Sodium Citrate Solution*—Dissolve 27 g of sodium citrate dihydrate in water and dilute to 1 L.

A3.5.6 *Sodium Hydroxide Solution (5 N)*—Dissolve 200 g of sodium hydroxide (NaOH) pellets in water and dilute to 1 L; store in a polyethylene container.

A3.5.7 *Wash Solution (Modified TISAB, Total Ionic Strength Adjustment Buffer)*—To 300 mL of distilled water, add 32 mL of glacial acetic acid, 6.6 g of sodium citrate dihydrate, and 32.15 g of sodium chloride. Stir to dissolve and then adjust the pH to 5.3 using 5 *N* NaOH solution. Cool and dilute to 1 L.

A3.5.8 *White Oil*, refined.

A3.6 Decomposition Procedure

A3.6.1 *Preparation of Bomb and Sample*—Cut a piece of firing wire approximately 100 mm in length. Coil the middle section (about 20 mm) and attach the free ends to the terminals. Arrange the coil so that it will be above and to one side of the sample cup. Place 10 mL of sodium citrate solution in the bomb, place the cover on the bomb, and vigorously shake for 15 s to distribute the solution over the inside of the bomb. Open the bomb, place the sample-filled sample cup in the terminal holder, and insert a short length of thread between the firing wire and the sample. The sample weight used should not exceed 1 g. If the sample is a solid, add a few drops of white oil at this time to ensure ignition of the sample.

NOTE A3.3—Use of sample weights containing over 20 mg of chlorine may cause corrosion of the bomb. To avoid this it is recommended that for samples containing over 2 % chlorine, the sample weight be based on the following table:

Chlorine Content, %	Sample weight, g	White Oil weight, g
2 to 5	0.4	0.4
5 to 10	0.2	0.6
10 to 20	0.1	0.7
20 to 50	0.05	0.7

Caution: Do not use more than 1 g total of sample and white oil or other fluorine-free combustible material.

A3.6.2 *Addition of Oxygen*—Place the sample cup in position and arrange the nylon thread, or wisp of cotton so that the end dips into the sample. Assemble the bomb and tighten the cover securely. Admit oxygen (**Caution**, Note A3.4) slowly (to avoid blowing the sample from the cup) until a pressure is reached as indicated in Table A3.1.

NOTE A3.4: **Caution**—Do not add oxygen or ignite the sample if the bomb has been jarred, dropped, or tilted.

A3.6.3 *Combustion*—Immerse the bomb in a cold-water bath. Connect the terminals to the open electrical circuit. Close the circuit to ignite the sample. Remove the bomb from the bath after immersion for at least 10 min. Release the pressure at a slow, uniform rate such that the operation requires not less than 1 min. Open the bomb and examine the contents. If traces of unburned oil or sooty deposits are found, discard the determination, and thoroughly clean the bomb before again putting it in use.

A3.6.4 *Collection of Fluorine Solution*—Remove the sample cup with clean forceps and rinse with wash solution into a 100-mL volumetric flask. Rinse the walls of the bomb shell with a fine stream of wash solution from a wash bottle, and add the washings to the flask. Next, rinse the bomb cover and terminals into the volumetric flask. Finally, add wash solution to bring the contents of the flask to the line.

A3.7 Procedure

A3.7.1 Ascertain the slope (millivolts per ten-fold change in concentration) of the electrode as described by the manufacturer.

A3.7.2 Obtain a blank solution by performing the procedure without a sample.

A3.7.3 Immerse the fluoride and reference electrodes in solutions and obtain the equilibrium reading to 0.1 mV. (The condition of the electrode determines the length of time necessary to reach equilibrium. This may be as little as 5 min or as much as 20 min.)

A3.7.4 Add 100 μL of stock fluoride solution and obtain the reading after the same length of time necessary for A3.7.3.

TABLE A3.1 Gage Pressures

Capacity of Bomb, mL	Gage Pressure atm (MPa)	
	min[A]	max
300 to 350	38	40
350 to 400	35	37
400 to 450	30	32
450 to 500	27	29

[A] The minimum pressures are specified to provide sufficient oxygen for complete combustion and the maximum pressures present a safety requirement.

A3.8 Calculations

A3.8.1 Calculate the fluorine content of the sample as follows:

Fluorine, ppm

$$= \frac{\left[\dfrac{2 \times 10^{-4}}{10\Delta^{E_1/S} - 1} - \dfrac{2 \times 10^{-4}}{10\Delta^{E_2/S} - 1}\right]}{W} \times 10^{6}$$

where:

ΔE_1 = millivolt change in sample solution on addition of 100 μL of stock fluoride solution,

ΔE_2 = millivolt change in blank solution on addition of 100 μL of the stock fluoride solution,

S = slope of fluoride electrode as determined in A3.7.1, and

W = grams of sample.

A3.9 *Precision and Accuracy*

A3.9.1 *Repeatability*—The results of two determinations by the same analyst should not be considered suspect unless they differ by more than 1.1 ppm (0.00011 %) or 8.0 % of the amount detected, whichever is greater.

A3.9.2 *Reproducibility*—The results of two determinations by different laboratories should not be considered suspect unless they differ by 6.7 ppm or 129.0 % of the amount detected, whichever is greater.

A3.9.3 *Accuracy*—The average recovery of the method is 62 to 64 % of the amount actually present although 83 to 85 % recoveries can be expressed with proper technique.

◆ 참고문헌 ◆

1. Principles of Penetrants–C.E.Betz
2. Classroom Training Handbook (CT–6–2)
   – General Dynamic
3. Metal Handbook, Vol. 11
   – Nondestructive Inspection & Quality Control
4. NDT Handbook–R.C.Mcmaster
5. 비파괴검사 시리즈(침투탐상시험 A)
   – 일본 비파괴검사 협회
6. ASME Boiler & Pressure Vessel Code, Sec. V
7. KS–B–0816('87)
   – 침투탐상시험방법 및 결함지시모양의 등급분류

◆ 침투탐상검사 용어 찾아보기 ◆

영 어	한 국 어	페이지	비 고
(A)			
Acid cleaning	산세척	50	
Alkaline cleaning	알칼리세척	50	
Aqueous developer	수성현상제		
(B)			
Black light	자외선등	18	
Bleed out	스며나옴		
Blotting	흡 출	28	吸出
(C)			
Capillary action	모세관현상	18	
Chalk test	백묵시험법		
Color-contrast dye	염색염료	16	
Color-contrast penetrant	염색침투제	16	
Contamination	오 염	18	
(D)			
Dark adaptation	어두움 적응	18	
Degreasing unit	탈지 장치	51	
Developer	현상제	17	
Development	현상 처리	49	
Developing time	현상시간	17	
Dipping	침 적	54	
Drag-out	손 실		
Drain station	배액장치	57	
Drain time	배액시간	17	排液時間
Dry developer	건식현상제	17	
Drying time	건조시간	17	
Dwell time	유지시간	18	Penetrating time
Dry	염 료	16	
(E)			
Emulsification time	유화시간	17	
Emulsifier	유화제	17	
Excess penetrant	과잉침투제	17	
(F)			
Flash point	인화점	18, 24	
Flaw indication	결함지시모양	79	

영 어	한 국 어	페이지	비 고
(U)			
Ultrasonic cleaning	초음파세척	68	
(W)			
Water contamination	수분오염	25	
Water tolerence	수분허용도	26	
Water washability	수세능	17	
Washing station	세척장치	68	
Wet developer	습식현상제	17	
Wettability	적심성	21	
Wipping	문질러 닦음	68	

◆ 編著者 略歷 ◆

李　　勇

- 한양대학교 재료공학과 졸
- 대우중공업(주) 시험실
- 대우조선공업(주) QA부장
- **한전기공(주) 품질관리 실장**
- Magnaflux Corp(美國) NDT 연수(Level－Ⅲ)
- 미국용접학회(AWS)공인 용접검사원(CWI)
- 기술사(비파괴검사)

【編著書】

- 현대공업용 방사선 시험기술(1980, 세진사)
- 용접검사의 기초(1983, 대신기술)

印

비파괴검사기술자 기초교재 시리즈

非破壞 檢査의 基礎

3 浸透探傷檢査

Liquid Penetrant Testing

값 12,000원

編著者 / 李　　　勇

發行人 / 文　亨　振

- 1988年 6月 14日 第1版 第1印刷發行
- 1994年 3月 30日 第2版 第1印刷發行

發行處 圖書出版 世　進　社

〒131－070 서울特別市 東大門區 龍頭洞 253－214

(世進빌딩)

TEL : 922－6371～3, 923－3422 • 7224/FAX : 927－2462

〈1976. 9. 21./登錄 • 서울 第 6－28號/登錄番號〉